国家自然科学基金青年项目“重污染企业绿色战略响应机制与演化路径：基于多元制度逻辑视角”
（项目号：72002013）
北京市教育委员会社科计划一般项目“竞争逻辑视角下企业绿色创新影响机制与激励对策研究”
（项目号：SM202111417005）

基于制度压力的重污染企业环境战略选择及演化研究

Research on Environmental Strategy Choice and Evolution of Heavy Polluting Enterprises Based on Institutional Pressure

王　森◎著

经济管理出版社
ECONOMY & MANAGEMENT PUBLISHING HOUSE

图书在版编目（CIP）数据

基于制度压力的重污染企业环境战略选择及演化研究/王森著．—北京：经济管理出版社，2021.1

ISBN 978-7-5096-7727-8

Ⅰ.①基… Ⅱ.①王… Ⅲ.①企业环境管理—研究—中国 Ⅳ.①X322.2

中国版本图书馆CIP数据核字（2021）第018960号

组稿编辑：胡　茜
责任编辑：胡　茜　詹　静
责任印制：黄章平
责任校对：陈　颖

出版发行：经济管理出版社
（北京市海淀区北蜂窝8号中雅大厦A座11层100038）
网　　址：www.E-mp.com.cn
电　　话：（010）51915602
印　　刷：北京玺诚印务有限公司
经　　销：新华书店
开　　本：720mm×1000mm/16
印　　张：10.75
字　　数：175千字
版　　次：2021年1月第1版　　2021年1月第1次印刷
书　　号：ISBN 978-7-5096-7727-8
定　　价：68.00元

序　言

改革开放以来，中国经济的快速增长伴随着环境污染的不断加剧。生态环境部最新发布的《2018 中国生态环境状况公报》中指出，我国 338 个地级及以上城市年平均 PM2. 5 浓度为 39μg/m³，远远超过世界卫生组织空气质量指南规定的 10μg/m³；10168 个国家级地下水水质监测点中，Ⅳ ~ Ⅴ类水占比高达 86. 2%；土壤侵蚀面积 294. 9 万平方千米，占普查总面积的 31. 1%。恶劣的环境问题很大程度上归咎于重污染企业粗放式的发展方式。据统计，火电、钢铁等重污染企业的增加值占比与能耗比重严重失调，前者为 33%，后者达 70% 左右。因此，如何推动重污染企业绿色发展成为实践界亟待解决的重要问题。

由于已经意识到污染问题的严重性，中央、地方政府和社区等社会各界组织参与到了企业污染治理中来。为全力打好三大保卫战（蓝天、碧水、净土保卫战），中央政府采取污染治理力度之大、政策出台频度之密、执法监察尺度之严史无前例。作为环保政策落实年，2018 年国家及部委发布的环保相关政策文件近 200 份。2016 年中央环保督察开展以来，对各类污染问题紧盯不放，不解决到位决不松手；2019 年中央经济工作会议再次明确提出落实中央生态环境保护督察制度。伴随我国环境规章制度的文件数激增、媒体对环境事件的关注加强、股东关于环境相关的建议增加，环保制度呈现出主体多元化、工具综合化以及强度加大化等特征。制度压力的不断增加使少数重污染企业完成环境战略升级，如通过采用先进的环境管理技术和理念，研发高质量绿色产品，降低供应链上的环境负荷，成为环保领跑者，但仍存在大量企业实施被动的环境战略，甚至无视国家法律、政府监管和民众监督，存在严重的污染违法现象。由此可见，制度压力的变化推动了重污染企业的环境战略转型，相似的制度压力却引发了重污染企业的环境战略异质性响应。本书试图回答这样一个问题：在应对外部制度压力时，重污染企业如何做出环境战略选择？

第一章提出本书的立项背景、研究意义、研究内容和方法、主要创新点等。第二章回顾了理论基础与相关文献综述。第三章梳理了重污染企业环境战略的类型及其判定条件。第四章从静态视角剖析了不同制度压力对重污染企业环境战略的影响，企业组织冗余、资产专有性、生命周期阶段对制度压力的异质性环境战略响应，进而从我国重污染行业中筛选出 597 家上市公司，通过内容分析法对环境战略进行手工编码，采用多项 Logit 模型进行实证研究。第五章考虑战略选择的动态性，以钢铁企业为例，利用探索性纵向双案例研究，对宝钢股份和太钢集团的环境战略变革过程进行系统、全面的剖析，揭示重污染企业环境战略演化路径及其动力，从而建立较为完整的环境战略演化动力理论模型。本书主要研究结论如下：

从静态视角来看：

（1）政府政策压力对重污染企业选择积极的环境战略有显著正向影响。监管压力和公众压力越大，相对于反应型战略，企业更倾向于选择污染防御型或环保领导型战略。然而随着监管压力或公众压力不断增加，企业选择污染防御型和环保领导型战略无差异。

（2）资产专有性正向调节制度压力和重污染企业环境战略之间的关系。

（3）政策压力、监管压力以及公众压力越大，成熟期企业越倾向于选择环保领导型环境战略。

从动态视角来看：

（4）企业环境战略演化路径不仅可以由低级向高级过渡，还可能呈现出“反应型—污染防御型—环保领导型—污染防御型—环保领导型”的螺旋上升形式。

（5）诱导形式环境战略演化满足“制度压力变化—环保认知改变—环境战略演化”的理论框架，即伴随制度压力不断加强，企业管理层环保认知不断升级，推动重污染企业诱导式环境战略演化。

（6）当竞争压力高于制度压力，且环保认知相对较低时，涌现形式环境战略更容易形成，从而改变重污染企业环境战略演化方向。

企业战略是管理领域的核心问题，面对当前重污染企业解决环境污染问题的迫切形势，环境战略已然成为战略管理领域研究的新趋势。本研究在环境战略的研究上，不再拘泥于对环境战略与环境绩效和财务绩效的关系研究，而是更加关注环境战略的异质性选择，以及环境战略由反应型到环保领导型的演化路径和动力，这是学术界至今鲜有学者研究和解决的问题，从理论上丰富了环境战略管理的内容，从微观层面指导了我国重污染企业绿色转型升级。

目　录

第一章　引　言

第一节　研究背景与问题提出

一、实践背景

当今中国，环境、生态和全球气候变化等领域一系列问题凸显，主动破解困局、倡导绿色发展成为社会各界的共同行动。2015 年史上最严环保法出台之后，环保相关政策密集出台，2015 年 8 月，《大气污染防治法》再次修订，VOCs 纳入了监测范围；2015 年 11 月，《环境保护“十三五”规划基本思路》出台。2016 年，新《环境空气质量标准》面世；2016 年 6 月，环保部出台《关于积极发挥环境保护作用促进供给侧结构性改革的指导意见》，提出了总体思路和重点任务。2017 年 1 月，国务院印发“十三五”节能减排综合工作方案的通知；2017 年 3 月，发改委等 16 部委联合出台《关于利用综合标准依法依规推动落后产能推出的指导意见》；2017 年 5 月 26 日，工信部发布《工业节能与绿色标准化行动计划（2017—2019 年）》。2018 ~ 2019 年，我国环保政策密集出台，环保力度进一步加大，环保政策措施由行政手段向法律的、行政的和经济的手段延伸，第三方治理污染的积极性和主动性被充分调动起来。环保税、排污许可证等市场化手段陆续推出。2018 年 1 月，《中华人民共和国环境保护税法》施行；

2018年7月，国务院印发《打赢蓝天保卫战三年行动计划》，明确指出至2020年VOCs排放总量较2015年下降10%以上。2019年3月，国家发改委联合中国人民银行等7部委出台《绿色产业指导目录（2019年版）》。在环保督查方面，2016年以来的中央环保督查和“回头看”工作亦将企业污染问题频频曝光于社会面前，使企业一次又一次因环境污染被推上风口浪尖。与此同时，媒体和公众对环境污染的曝光度和参与度不断加深加强。例如，浙江、四川等地通过开设舆论监督栏目，借助媒体曝光，推动当地突出环境问题整改落实，形成一套较为成熟的环境问题解决机制；以理性曝光为基础，实现媒体“建设性”舆论监督常态化。公众扮演环保监督者、参与者的角色，通过投诉举报向政府提供线索，配合政府进行调查，协助有关部门整改，监督曝光问题的整改落实。

尽管如此，伴随工业化进程的不断加快，企业污染造成我国环境质量断崖式滑落[①]。据《2018中国生态环境状况公报》公布，我国338个地级及以上城市年平均PM2.5浓度为39微克/立方米，远超过世界卫生组织空气质量指南规定的10微克/立方米标准。重污染企业[②]为我国GDP增长做出了重要贡献，但与此同时，也带来了严重的污染问题，是多数环境纠纷的“触发者”。大量研究表明，80%的环境污染来自企业，中国经济周刊在相关数据披露中提到，重污染行业能耗占比高达70%左右。因此，在我国工业经济的可持续发展进程中，重污染企业理应担负起环境保护的主体责任，这也是本书将研究对象聚焦于重污染企业的原因。

1. 重污染企业差异化环境管理实践

在实践中，重污染企业实施了差异化的环境管理措施。纵览上市公司社会责任报告，重污染企业在环境管理实践中呈现出较大的异质性，个别重污染企业实施环保领导型环境管理，在绿色环保方面相对领先。宝钢采用产品生命周期分析法（LCA）开展绿色采购、绿色制造、绿色营销、绿色用钢解决方案等驱动上下

---

① 以我国为例，对比2000年与2017年，在338个地级及以上城市中，空气质量未达标城市数由112个增长到239个。

② 2010年9月，环保部公布《上市公司环境信息披露指南》（征求意见稿），其中有16类行业为重污染行业，包括石化、建材、造纸、酿造、火电、钢铁、水泥、电解铝、煤炭、冶金、化工、制药、发酵、纺织、制革和采矿业，此16类行业的所有企业被称为重污染企业。

游共同绿色，降低价值链各环节的环境负荷，其是公司致力成为“绿色产业链的驱动者”实践的有力工具。基于 LCA 方法，宝钢与江苏、河南、吉林三家供应商合作，开展了石墨电极的生命周期评价相关课题，横向对比了不同供应商电极产品的环境负荷；与下游用户联合开展绿色用钢解决方案，让长安标致雪铁龙引擎盖和海尔空调等企业实现了绿色用钢①；经过多年积累，宝钢湛江钢铁基地成为全球效率最高的绿色碳钢生产厂家，烧结工艺超过韩国浦项等国际知名钢企，达到全球领先水平②。

多数重污染企业处于关注生产源头的污染预防阶段，通过原材料替代、循环利用、流程创新来减少、改变或者防治废物产生，环境战略由被动向主动过渡。首钢公司积极采用各种环保新技术对环保设施进行改造，打造绿色循环发展新形象。其实施环保项目 20 项，总投资 41097 万元，并先后投资建设了两座污水处理厂，将生产过程中产生的废水，经过处理后全部回收利用，水循环利用率达到 98.4%；投资 8000 余万元建设了中水深度除盐站，采用国际先进的膜处理工艺，利用污水处理厂产出的中水生产高品质除盐水，作为生产补水，使各循环水系统的水质得到了明显改善，排污量大大降低。鞍钢等企业通过高水平的技术改造，实现全流程装备的大型化、集约化、高效化和绿色化，彻底淘汰落后工艺装备，从源头上消除环境污染。围绕高炉渣的综合利用，公司先后建成投运高炉矿渣超细粉工程（公司建有具有国际先进工艺技术水平、世界上处理能力最大的矿渣超细粉生产线）、高炉冲渣水余热回收工程、高炉热熔渣制棉工程（采用高炉热熔渣生产的矿棉保温材料，具有低能耗、低污染的显著特点，实现了对资源、能源的充分利用）。

然而，也有大量企业无视国家法律、政府监管和民众监督，存在严重污染违法现象。福建紫金矿业不舍环保投入，靠压低成本提炼低品位金矿，最终于 2010 年 7 月 3 日发生铜酸水渗漏事故，9100 立方米的污水排入汀江，造成河段污染以及 378 万网箱养鱼死亡和中毒③。央视财经《经济半小时》在 2013 年 12 月披露

① 参见宝钢集团官方网站。

② 宝钢股份成钢企环保样本：曾经最脏的烧结工艺升级为全球领先［EB/OL］. 搜狐网，2017－10－13.

③ 追问紫金矿业污染事件：事故为何 9 天后才公布［EB/OL］. 网易新闻，2010－07－14.

的马鞍山钢铁长期污染事件，导致安徽合肥李岗村村民多年饱受癌症之苦[①]。2014 年媒体曝光腾格里沙漠污染事件，腾格里工业园区 8 家企业（化工、医药等行业）将污水排入沙漠深处，造成严重的地下水污染[②]。

从“战略即实践（Strategy - as - Practice）”的战略研究分支来讲，环境管理实践是企业环境战略的具象化表现（Kaplan，2011），环境管理实践的差异性体现为企业环境战略的异质性。为何企业实施差异化环境战略？在什么条件下企业实施该种环境战略？

2. 重污染企业迫切的绿色转型需求

2012 年 6 月，联合国环境规划署在纽约联合国总部发布第五版《全球环境展望》综合报告，报告中明确指出，世界仍然走在一条不可持续的发展道路上，地球上各个系统的承受能力正在被推至生物物理上的极限[③]。中国经济也已由高速增长阶段转向高质量发展阶段，并正处于转变发展方式、优化经济结构的攻关期，而绿色发展是转变发展方式、优化经济结构的重要组成部分。为促进企业绿色发展，我国环境规制呈现主体多元化、强度不断加大等特点（胡元林、杨雁坤，2015），环境规制的压力迫使企业通过环境战略来进行回应。随之而来的，环境规章制度的文件数激增、媒体对环境事件的关注加强、股东关于环境相关的建议也在增加，环保制度呈现主体多元化、工具综合化以及强度加大化等特征，中央和各级地方政府所采取的污染治理力度之大、政策出台频度之密、执法监察尺度之严、污染曝光渠道之广史无前例。图 1 - 1 展示了 2000 ~ 2014 年我国政府行政处罚案件数和公众环保投诉数。

从图 1 - 1 可以看出，近年来，我国环保制度严格程度呈逐年递增趋势。随着外部制度压力的不断增加，重污染企业已然处于绿色风暴的中心地带，实施前瞻型环境战略刻不容缓。企业环境战略如何化被动为主动，以实现绿色转型升级？

二、理论背景

1987 年，世界环境与发展委员会报告（俗称“布伦特兰委员会报告”）创造了

---

① 马鞍山钢铁严重污染环境，村民饱受癌症之苦［N］. 网易财经，2013 - 12 - 20.

② 一文解密震惊全国的腾格里沙漠污染事件始末［N］. 北极星环境修复网，2017 - 08 - 30.

③ 王丕屹. 地球需转向可持续发展［N］. 人民日报（海外版），2012 - 06 - 14.

图1－1 2000～2014年我国政府行政处罚案件数和公众环保投诉数

“可持续发展”这个术语，并明确提出企业公司在促进环境保护事业方面发挥了积极的作用，建议企业将环保与经济效益结合起来。自此报告出版之后，企业管理者开始将环境问题纳入战略决策，学术界掀起环境战略研究的热潮。Shrivastava（1994）和Hart（1995）认为传统的战略管理理论把环境视为一个狭隘的概念，仅仅强调政治、经济、社会和技术等方面，而忽略了自然环境。自然环境并没有被看作企业外部环境的一个重要组成部分。事实上，自然资源是十分有限的，企业的商业活动必然受制于自然生态环境，因此可持续发展问题显得越来越重要，遗漏自然环境使得企业创建的竞争优势缺乏持久性。现有研究主要聚焦于企业执行积极环境战略对组织能力、竞争优势和财务绩效的影响，以及企业采取积极环境战略的类型和驱动力等（杨德锋、杨建华，2009）。

1. 企业实施环境战略的效果研究

有关环境战略对财务绩效的影响，学者们的意见未能统一。许多学者（Klassen and McLaughli，1996；Russo and Fouts，1997；Judge and Douglas，1998；Wagner and Schaltegger，2004）认为企业执行前瞻型环境战略将会获得较高的企业绩效，积极地应对环境问题能够使企业获得相应的财务回报。仅仅从财务回报上看，环境问题投资是一项有经济价值的财务投资。企业对环境的积极应对和战略性管理能够降低企业的资本成本，从而节省费用。然而，也有一些学者

（Walley and Whitehead，1994；Palmer et al.，1995）认为环境问题是企业负担，企业不可能通过投资环境问题而取得任何经济回报。在环境问题上，股东价值是第一位的、根本性的，遵守法规、降低环境污染等都是次要的。Hart 和 Ahuja（1996）通过实证检验企业节能减排的效果，指出尽管由于补救现有的低效率和浪费的成本较低，大多数企业初步节省了成本，但一旦企业节能减排的成果不理想就难以改善财务绩效，因为减排投资可能超过节省的成本。

2. 企业环境战略选择内部影响因素研究

基于战略选择理论和资源基础观，学者们对环境战略选择的内部影响因素展开研究。Banerjee（1992）认为，高层管理人员的承诺对于成功的环境管理至关重要。Coddington（1993）得出结论，企业愿景和强有力的领导是实施全公司环境管理战略的两个主要推动者。Dechant 和 Altman（1994）指出，企业领导者将组织的共同价值体现为环境可持续发展，创造或维护整个企业的绿色价值。Porter 和 Van der Linde（1995）认为，发达国家企业之所以比发展中国家企业能更好地处理环境问题，是因为发达国家的企业在环境管理技术和污染预防设备等重要资源上拥有优势，从而使得发达国家企业在应对环境问题时能够采用绿色创新战略。Majumdar 和 Marcus（2001）表明管理者的企业家精神、新技术开发意愿、创造力和风险承担能力等是实施环境战略的重要资源。Delgado－Ceballos 等（2012）指出利益相关者整合能力与积极的环境战略正相关。Sharma（2000）指出，公司经理将环境问题解释为机会的程度越高，公司展示自愿环境战略的可能性就越大；相反，对于经理们将环境问题解释为威胁的程度，公司表现出一致性环境战略的可能性越大。笔者进一步发现将环境问题解释为机会受两个因素影响，将环境问题合法化作为企业形象的一个组成部分，以及管理者创造性解决问题的自由裁量权。张海姣和曹芳萍（2013）认为，企业所承担的环境责任与企业所追求的竞争优势是推动企业实施绿色管理的动力来源。孙宝连等（2009）分别从宏观因素和微观因素进行分析，认为绿色社会观念、行业绿色竞争、企业绿色文化、企业绿色能力是推动企业选择前瞻型环境战略的主要因素。

3. 企业环境战略选择外部影响因素：制度压力视角

环境问题具有显著的外部性，经济动机难以全面解释企业的环境战略，制度理论成为主要的一种解释。Hoffman（1997）对美国石油和天然气行业的企业环境战略研究表明，在共同行业背景下的公司往往采取类似的策略来应对它们所经历的制度力量。Petts 等（1999）提出制度压力是企业进行环保行为的主要驱动力。Sharma 和 Vredenburg（1998）研究发现公司实施反应性与主动性战略之间的差异受到公共政策、强制性规定、媒体和非政府组织（NGOs）的压力。Banerjee 等（2003）认为企业绿色战略的一个重要目标是获得社会合法性和满足消费者的绿色需求，来自企业利益相关者的环保压力，比如客户对绿色产品需求，是企业选择环境战略时优先考虑的因素。Rugman 和 Verbeke（2014）通过实证研究得出企业实施积极的环境战略主要驱动力是遵守监管规定、制度压力驱动的结论。Murillo - Luna 等（2008）认为企业感知的来自利益相关者的环保压力，影响企业的环保主动性，进而影响企业的环保回应。国内学者也通过我国企业的现实情况开展了系列实证研究。张台秋和杨静（2012）认为，企业实施环境战略主要来源于满足组织合法性，具体包括利益动机、道德动机和规制动机，指出企业所追求的经济效益、监管压力与制度规范、利益相关者压力推动了企业制定积极的环境战略。

不同制度压力与企业环境战略选择的关系研究来源于对制度理论的深入思考，然而制度理论重点考察战略选择背后的制度根源，强调制度压力所形成的战略趋同，并不能很好地解释企业面对相似制度压力所产生的异质性战略响应。基于此，部分学者开始探索相似制度压力下企业环境战略异质性选择问题。Russo 和 Fouts（1997）的研究显示，在类似的社会、监管和公共政策背景下，处于相同行业的重污染企业环境战略也是可变的（Aragon - Correa，1998；Hart and Ahuja，1996）。潘楚林和田虹（2016）选取东北三省和长江三角洲地区的医药、纺织、钢铁、石油加工等制造行业企业，通过问卷调查法实证分析重污染企业的环境战略选择，发现利益相关者压力对企业实施前瞻型环境战略有显著正向影响，而企业环境伦理、管理者道德动机以及竞争优势期望正向调节利益相关者压力对前瞻型环境战略的影响。马中东和陈莹（2010）理论分析了企业环境战略选择应考虑的因素，比如企业要综合权衡比较制度压力与企业内外部因素对成本和差异化的影响，进而选择适当的企业环境战略，因此企业实施环境战略的目的在于缓解企业成本增加的压力，提高产品的差异化能力，最终提高企业竞争优势。随着制度压力的类型、强度和实施情况等制度压力政策的变化，企业环境战略的选择也会发生转型和升级。

由以上文献综述可以看出，关于环境战略以及制度压力和环境战略关系的研究已经非常丰富，这些研究聚焦于不同利益相关者压力对企业环境战略选择的影响，也有部分涉及相同制度环境中重污染企业的环境战略异质性选择。但是，通过对文献的梳理，我们发现已有的研究仍然存在以下不足：一是制度同构下重污染企业的环境战略异质性响应研究有待深入。现有文献虽然验证了决策者认知差异、行为差异、内部资源能力的差距等因素导致的企业战略选择迥异，也指出企业为了保持组织特征与外界环境的匹配而制定差异化战略，但多基于管理者认知差异、内部环境管理能力等内部因素进行探究，与资源特征和企业生命周期的环境战略异质性选择研究有待完善。二是制度压力下重污染企业环境战略的动态选择尚待探索。考虑到环境战略演化的复杂性以及研究方法的局限性，这一领域的相关研究凤毛麟角。值得庆幸的是企业战略演化研究（Mintzberg and Waters，1985；Mintzberg，2001）为本书提供了理论借鉴。因此，从动态视角剖析重污染企业环境战略演化路径及其动力尚需探究。

三、问题的提出

管理理论的发展往往意味着理论解释对应现实的能力不断加强。环境战略选择理论经历了聚焦于制度压力阶段、聚焦于企业管理者阶段以及聚焦于环境战略异质性阶段。在不同发展阶段，研究的理论侧重与对现实的关注焦点存在差异。环境规制视角的理论主要有：波特假说的提出，认为严格的环境规制可以有效激励企业技术创新，在此基础上，环境战略领域的学者结合制度理论，提出企业为了满足合法性，环境战略选择受利益相关者压力的影响。企业管理者能力视角主要涉及战略选择理论，集中于探究管理者认知能力、环境管理能力、责任意识对企业环境战略选择的影响。在环境战略异质性选择视角下的相关理论主要是整合了制度理论与战略选择理论。

当现实问题呈现出超越已有研究的关注点时，我们亦应采用新的视角去尝试分析和解释该种现象。比如上文提到的重污染企业差异化环境管理实践的问题，以及当前阶段重污染企业迫切需求的绿色转型升级问题，这些问题用已有的理论和文献并不能得到很好的解释。

针对学术界目前研究环境战略的趋势和热点，结合我国重污染企业生产过程中一味追求利润最大化而忽视环境保护，以及各地区环境容量和承载力制约不断加大的现状和趋势，以钢铁行业为例，将环境战略作为解决重污染企业环保问题的突破口，将试图回答两个基本的研究命题：①在相似的制度压力下，重污染企业环境战略异质性响应的因素有哪些？这些因素与制度压力相互作用如何决定企业的战略选择？②在制度压力不断升级的过程中，重污染企业如何做出环境战略的动态选择？本书将两个基本命题拆解为五个研究问题：①重污染企业环境战略类型有哪些？每种环境战略的内涵和判别条件是什么？②不同制度压力如何影响重污染企业环境战略选择？③在相似制度压力下，企业异质性特征与制度压力如何相互作用决定重污染企业环境战略选择？④伴随制度压力的不断增强，重污染企业环境战略演化的路径是什么？⑤伴随制度压力的不断增强，重污染企业如何推动环境战略演化？

第二节 研究意义

一、理论意义

企业战略是管理领域的核心问题，环境战略已然成为战略管理领域研究的新趋势。本书在环境战略的研究上，不再拘泥于对环境战略与环境绩效和财务绩效的关系研究，而是更加关注环境战略的异质性选择，以及环境战略由反应型到环保领导型的演化路径和动力，这是学术界至今鲜少有学者研究和解决的问题，从理论上丰富了环境战略管理的内容，从微观层面指导我国重污染企业绿色转型升级。具体来讲，本书的理论意义在于：

（1）考虑到企业环境战略选择的复杂性，基于制度理论和战略选择理论，将制度压力、企业异质性进行交互，剖析企业环境战略选择机制，突破了孤立研究某一或两种要素对企业环境战略选择的作用，丰富了环境战略选择机制研究的新内容。

（2）综合演化的路径依赖性以及战略涌现观点，探究污染企业环境战略演化的可能路径，发现重污染企业环境战略演化路径不仅符合由低级向高级的常规演化，还可能呈现出反应型—污染防御型—环保领导型—污染防御型—环保领导型的反复震荡形式，扩展了 Hart（1995）提出环境战略之间的路径依赖和嵌入特征，开启了环境战略演化路径研究的新视角。

（3）整合外部制度环境与市场环境，本书发现竞争压力与制度压力的不断变化，使企业环保认知不断改变，最终形成了诱导式和涌现式两种不同的环境战略，在一定程度上促进了企业环境战略演化。这一结论对战略演化理论的内容进行了深化和适度补充。

二、实践意义

在中国经济追求“绿色发展”和“高质量发展”的背景下，重污染企业旧有的环境管理实践遭受生存挑战。例如，重效益轻环保的管理理念，落后的环保设备、治污技术，高能耗、低附加值的产品等，使企业经营步履维艰。从“战略作为实践（Strategy - as - Practice）”的战略研究分支来讲，环境管理实践是企业环境战略的具象化表现，研究重污染企业环境战略选择及其转型升级有助于其摒弃过时的环境管理实践，重获新生。具体地，本书的实践意义在于：

（1）研究重污染企业环境战略的异质性选择，既有利于企业结合外部环境和自身状况选择合适的环境战略，又有利于指导企业在环保方面配置合理资源进行优化升级。

（2）对制度压力下重污染企业环境战略动态演化的研究，明晰重污染企业的演化路径和动力有利于指导企业发生环境战略演化时，尽量由反应型到污染防御型到环保领导型的低级向高级战略过渡，避免企业的环境战略演化发生由高级向低级的突变。

（3）重污染企业环境战略演化研究有利于促进企业环境战略转型升级，这是推进供给侧结构性改革的关键环节。在环境保护领域，供给侧结构性改革旨在通过资源、能源的高效利用，减少环境污染。具体到工业层面，通过优化产业结构，逐步淘汰或转型高投入、高耗能、高污染产业，发展集约型、低耗能、无污染产业，创造新的有效供给。聚焦于工业企业，通过生产要素优化配置，降低生

产过程中的资源浪费，形成绿色生产方式。本书研究的重污染企业环境战略动态选择恰恰是企业绿色生产方式的改善过程，通过为行业创新绿色供给，助力供给侧结构性改革。

第三节 研究内容和方法

一、主要研究内容

首先界定和梳理了重污染企业环境战略类型与判别条件，其次重点对制度压力下“重污染企业环境战略异质性选择”以及“重污染企业环境战略动态演化”两大问题开展系统深入的研究（见图1－2），研究内容安排如下：

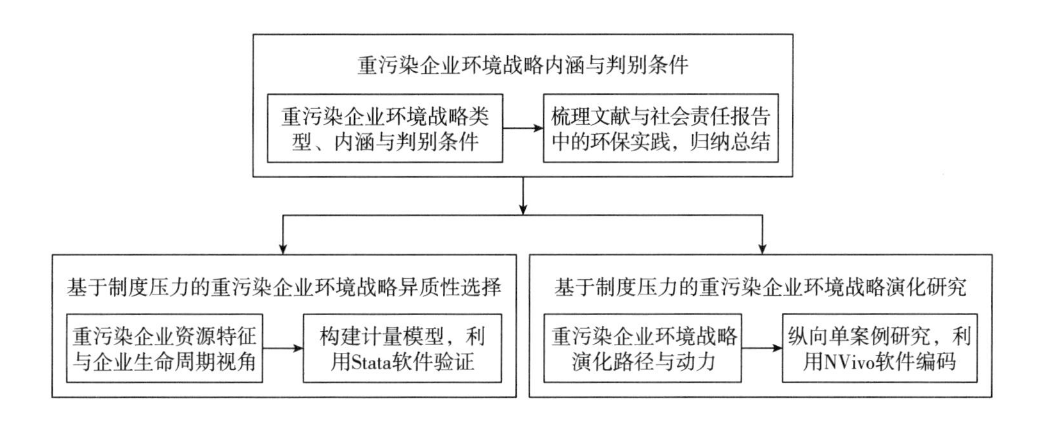

图1－2 主要研究内容框架

首先，界定和梳理重污染企业环境战略的分类、内涵以及判别条件。通过研读环境战略相关文献，以及对我国重污染企业污染治理活动的系统梳理，将环境战略归纳为反应型、污染防御型和环保领导型三类。反应型战略侧重于末端污染控制，聚焦于污染发生后的处理；污染防御型战略更加关注生产源头的污染预防，通过原材料替代、循环利用、流程创新来减少、改变或者防治废物产生；环保领导型战略扩张组织边界，通过整合外部利益相关者到产品采购、设计、生产、销售等环节，最小化产品生命周期中的环境负担。这与 Buysse 和 Verbeke（2003）的环境战略划分一致。基于此，将重污染企业环境战略划分为反应型、污染防御型和环保领导型，为后续研究提供支撑。

其次，从资源特征与企业生命周期出发，揭示制度压力下重污染企业环境战略异质性选择。企业环境战略选择受多种因素牵制，包括外部制度压力水平以及内部企业特征。近年来，制度压力呈现主体多元化和规制强度加大化等特征，是企业环境战略选择的重要考量因素。然而，我们也不难发现，面对相似的制度压力水平，企业的环境战略选择也有所不同，为此我们引入企业异质性，从企业所处的发展阶段、企业的资源特征来回应企业环境战略选择的差异。整合制度理论、资源基础论和企业生命周期理论，建立概念模型，从理论层面探索制度压力、企业异质性的交互作用对环境战略选择的影响，进而利用 Stata 软件进行验证，最终确定相似制度压力下重污染企业环境战略异质性选择的因素。

最后，基于动态分析视角，剖析制度压力下重污染企业环境战略演化路径和动力。面对不同的环境战略，重污染企业需要做出选择，然而企业战略的选择并非“一劳永逸”的（魏江、王诗翔，2017）。随着环保制度主体、手段以及强度的变化，重污染企业的环境战略会随之演化。考虑到环境战略存在动态性，对制度压力下污染企业环境战略演化路径及其驱动力的剖析成为本书的重要问题。以钢铁企业为例，利用探索性纵向双案例研究，对宝钢股份和太钢集团的环境战略变革过程进行系统、全面的剖析，揭示重污染企业环境战略演化路径及其动力，从而建立较为完整的环境战略演化动力理论模型。

二、研究方法

综合运用制度理论、战略选择理论、战略演化理论、自然资源基础观、环境战略等相关理论的基础上，采用定性研究和定量研究相结合，理论研究与实证研究相统一的研究方法开展系统研究，具体地，本书中所采用的研究方法主要包括以下几个方面：

（1）文献调研与理论分析法。在广泛查阅中外文文献的基础上，搜集整理国内外有关环境规制、企业环境战略和协同演化等领域的相关文献和最新成果，跟踪企业环境战略研究的前沿，掌握中国重污染企业环境战略的类型、特征。查阅国泰安数据库、上市企业年报、社会责任报告和可持续发展报告。结合上市企业年报、社会责任报告和可持续发展报告等内容，剖析中国重污染企业环境战略的类型、内涵以及判别条件。

（2）网络查询法。利用网络资源，通过查询中华人民共和国国家统计局、中华人民共和国环境保护部、中华人民共和国科技部、公众与环境研究中心、中国钢铁工业协会网、各省环境保护厅等官方网站，查询本书所需的相关数据与资料。

（3）统计分析法。构建政策压力、监管压力和公众压力对重污染企业环境战略选择影响以及重污染企业资源特征、生命周期不同阶段调节效应的计量模型，结合国泰安数据库、上市公司企业年报、企业社会责任报告等渠道搜集的数据，利用 Stata 统计分析软件对模型和假设进行验证。

（4）案例研究和深度访谈。选择钢铁行业的典型企业，开展实地调研与深度访谈，并根据研究的需要，通过“理论研究—实地调研—案例研究—统计分析—实施效果评价”的顺序进行跟踪研究；采用探索性纵向跨案例研究方法建构企业环境战略演化动态理论模型，揭示环境战略演化路径及其动力。

第四节　结构安排

本书主要研究基于制度压力的重污染企业环境战略异质性选择和演化，分别采用计量分析和案例研究两种方法对研究问题进行解答，具体内容安排如图 1 –3 所示，本书遵循提出问题、分析问题和解决问题的研究思路。

本书第一章介绍研究的实践背景和理论背景，提出本书的研究问题和研究意义，进而概括主要研究内容以及方法，提出研究可能的创新点。第二章梳理战略选择、战略演化相关理论，以及环境战略选择影响因素的相关文献，作为本书的理论基础。第三章界定重污染企业环境战略类型、概念以及特征，这是剖析企业

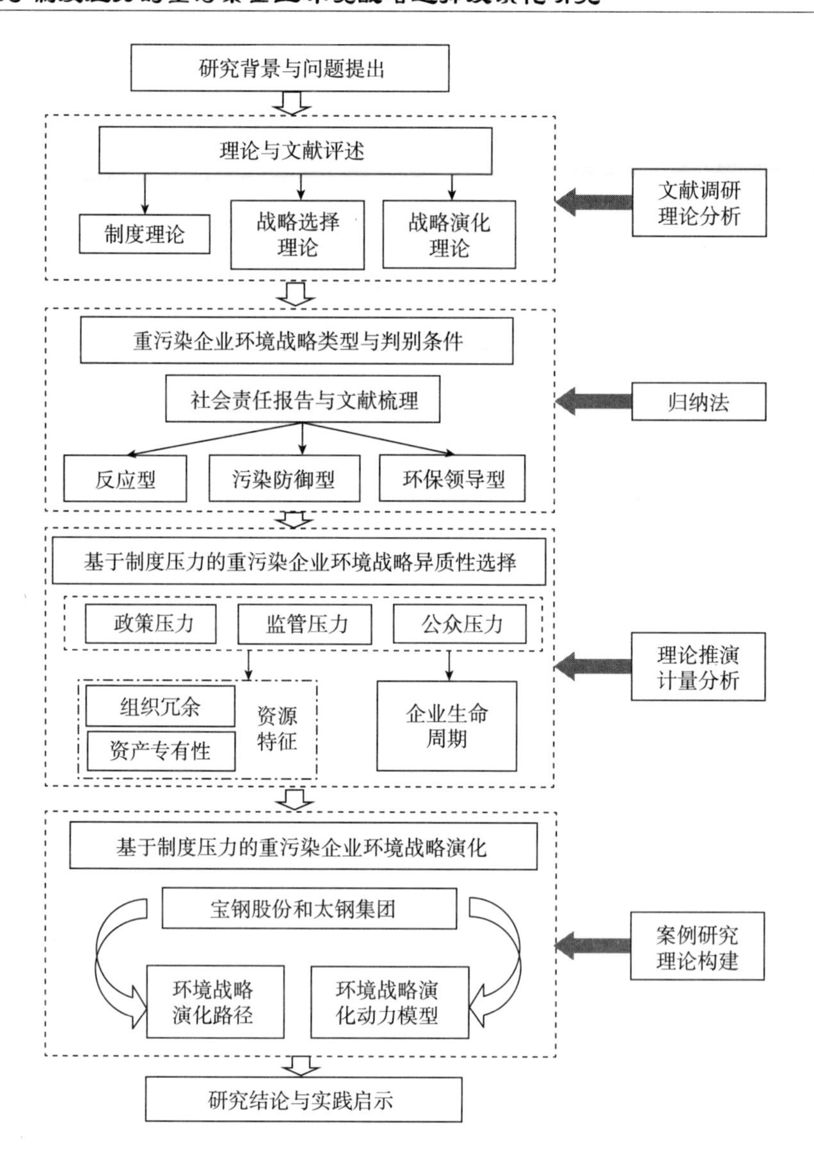

图 1－3 技术路线

环境战略选择，探索环境战略演化的先决条件。第四章从静态视角研究制度同构下重污染企业的异质性环境战略选择，提出假设，建立模型，并通过设定具体的统计模型，呈现出实证研究结果。第五章从动态视角研究重污染企业环境战略演化的路径及其动力，通过探索性双案例研究，构建环境战略演化的动力模型。第六章总结全书，阐述了基本结论、实践启示以及研究局限，提出未来可能的研究方向。

第五节 主要创新点

以往文献在环境战略、战略演化等理论方面做了很多有价值的探讨。在这些已有研究的基础上，试图对制度压力下重污染企业的环境战略选择及演化进行探索，主要创新点体现为以下三个方面：

（1）从静态视角构建制度压力下重污染企业环境战略异质性选择模型，拓展了重污染企业环境战略异质性选择研究。本书通过构建基于制度压力的重污染企业环境战略异质性选择的理论模型，验证了制度压力与企业环境战略的关系，以及资源特征——组织冗余和资产专有性，企业生命周期的调节效应，结果发现不同制度压力对重污染企业的环境战略选择有不同程度的影响，组织冗余、资产专有性和企业生命周期对制度压力引发的企业环境战略响应存在显著差异。虽然已有文献验证了决策者认知差异、行为差异、内部资源能力的差距等因素导致的企业战略选择迥异，也指出企业为了保持组织特征与外界环境的匹配而制定差异化战略，但对企业的组织冗余、资产专有性和发展阶段与外部制度压力相互作用造成的战略异质性鲜有涉及。从资源特征与企业生命周期视角分析制度同构带来的重污染企业环境战略选择差异，深化了重污染企业环境战略异质性选择研究。

（2）从动态视角下，以宝钢和太钢为例，采用双案例研究，揭示了重污染企业环境战略演化路径。本书通过梳理宝钢股份和太钢集团的环境战略动态选择过程，建立宏观环境、企业战略、管理层认知三个嵌套层次的过程模型，发现宝钢的环境战略遵循从低级向高级的过渡，太钢环境战略整体遵从由低级向高级过渡，局部却呈现出污染防御型—环保领导型—污染防御型—环保领导型的反复动荡情形，使环境战略演化呈现出螺旋式上升的形式。这一研究验证了 Hart（1995）提出环境战略之间的路径依赖性以及战略演化存在可能性的理论分析，结论打破了 Hart（1995）提出的演化路径局限于由低级向高级过渡的理论设想，在一定程度上丰富了环境战略演化路径研究。

（3）基于动态视角，通过宝钢和太钢的双案例研究，建构企业环境战略演化动力理论。本书通过剖析宝钢股份和太钢集团的环境战略演化过程，发现企业环境战略存在诱导式和涌现式两种表现形式，诱导式环境战略演化满足“制度压力变化—环保认知改变—环境战略演化”的线性逻辑，而当竞争压力高于制度压力，且环保认知相对较低时，更容易形成涌现式环境战略，从而改变环境战略演化方向。研究结论区别于以往管理学研究文献强调“动因—行动—结果”的普适逻辑，强调环境决定、管理选择与战略形成的线性因果关系（Ou et al.，2014），发现重污染企业环境战略演化存在非线性逻辑，并对非线性关系的动因进行了深入探索。这一研究深化了对战略演化的理论认知，为我国污染企业如何在复杂且动态变化的市场和制度环境中有效实现绿色转型提供了新的解释。

主要创新点与主要研究成果之间的对应关系如表 1－1 所示。

表 1－1　主要创新点与主要研究成果之间的对应关系

创新点	主要内容	对应章节
（1）	从静态视角构建制度压力下重污染企业环境战略异质性选择模型	第四章
（2）	从动态视角下，以宝钢和太钢为例，采用双案例研究，揭示了重污染企业环境战略演化路径	第五章
（3）	基于动态视角，通过宝钢和太钢的双案例研究，建构企业环境战略演化动力理论	第五章

资料来源：作者整理。

第二章　理论基础与文献综述

第一节　制度理论

一、制度理论的基本内容

制度理论的相关研究可以划分为两个阶段，20 世纪中期之前属于早期的制度研究，将企业看成一个纯粹的经济组织，企业行为的激励往往源自于市场机制的传导，如企业间竞争、价格信号变化、产品需求变动等，因此早期的制度研究旨在从企业追求利润最大化假定出发研究制度对企业成本的影响。此阶段，学者们认为协调和控制是正式组织取得成功的关键因素。这主要建立在企业运行过程中，协调是常规的，并且遵循规则和程序这一假设前提。然而，大量关于组织行为的实证研究都对这一假设产生了质疑。Downs（1967）指出正式和非正式组织之间存在巨大差距（Dalton，1959；Homans，1950）。正式组织经常处于松散耦合状态（March and Olsen，1976；Weick，1976），主要表现为组织元素之间松散地相互联系，一些活动和规则经常被违反，高层的管理并未全部实施其制定的决策，某些评估和检查系统常常显得模糊。种种现象表明正式组织的协调几乎不起作用。

Meyer 和 Rowan（1977）考虑组织的目的、立场、政策和程序规则，逐步放松组织活动协调和控制假设，开创新制度主义研究的先河（DiMaggio and Powell，1983），并成为20世纪70年代以来最重要的理论流派之一（周雪光，1999）。制度理论认为企业为了生存，需要获得合法性，所谓合法性是指被政府、协会、媒体等组织所接受，或者符合他们的期盼，抑或是对这些组织来讲企业的行为是合适的（Fiss and Zajac，2004）。制度理论的核心观点认为，来自制度环境的压力通过特定的传导机制传递给组织场域中的个体组织，从而影响组织行为。Meyer和Rowan（1977）从制度角度解释企业合法性存在的缘由，并提出三个命题：①当合理化的制度规则出现在特定的工作活动领域，正式组织将通过这些规则作为结构要素来形成和扩张，并且为了保持一致性，遵循制度规则的组织倾向于从技术活动的不确定性缓冲他们的正式结构，这时组织变得松散耦合；②社会越现代化，给定领域的合理化制度规则和结构越广泛，包含合理制度的领域将越多；③在其正式结构中纳入社会合法结构要素的组织会最大化他们的合法性，进而增加他们的资源和生存能力。这种解释存在一种隐含假设，即人和组织具有维持生存和降低不确定性的最基本需求，并且所有的人和组织会基于该需求而行动。随后，DiMaggio和Powell（1983）基于制度理论解释企业的组织结构为什么看起来一样，提出制度趋同论，即组织在制度压力之下趋同，作为自身合法化的途径。具体来看，这种组织趋同机制通过三种途径发挥作用：①来自于政治影响和合法性问题的强制性趋同，强制同构要求企业被动地适应正式和非正式制度。正式制度指国家颁布的一些法律和规章，非正式制度是指不同文化下形成的一些约定俗成的规则或组织所处社会的文化期望。这种压力可能被视为力量，比如，在某些情况下，政府职责驱动组织变革，环境法规使制造商采用新的污染控制技术来响应。②不确定性也是鼓励企业之间模仿最终趋同的强大力量。面对外部不确定性而产生的模仿趋同，如处在市场动荡、技术成熟度低、目标不清晰领域的企业常常会选择观察、参考其他较为成功的组织，并进行模仿，值得注意的是，模仿的标准是成功企业行为，并不关注其行为的好坏。③与专业化、职业化知识相关的规范趋同，如企业在雇用管理层或员工时要求其获得相应的技术证书。DiMaggio和Powell（1983）在文中将职业证书解释为某一领域专业人员的集体智慧，职业技能证书可以用来界定员工的工作条件和方法，从而控制“生产者的生产”，为他们的职业能力建立认知基础和合法性。

Meyer 和 Rowan（1977）、DiMaggio 和 Powell（1983）对企业追求合法性的新见解引发学术界对新制度主义学派的关注。Tolbert 和 Zucker（1983）以 1880 ~ 1935 年公务员制度改革的扩散为例，研究了正式组织结构变革的制度根源，他们发现从 19 世纪末期到 20 世纪 30 年代，美国各个城市分别在不同的时间点采用了公务员制度。Tolbert 和 Zucker（1983）分别从效率机制和合法性机制解释了这种公务员制度普及的时间差异性的深层次原因。其中效率机制的解释认为城市特点，如政治冲突、市政府角色、城市结构等决定了采纳公务员制度的速度；而合法性机制认为，公务员制度作为被政府、非政府组织广为接受的事情具有合法性，不管其是否有实际功效，城市都有采纳这一制度的外部压力。之后二人用采纳公务员制度的城市数量来测量其合法性程度，数据分析结果：在初期，城市特点对是否采纳公务员制度具有显著影响；但在后期，城市特点的影响不再显著。结论认为理性选择的效率机制在公务员制度普及的早期起作用，每个城市会根据自身的特点来决定是否采纳这一制度。然而到后期，公务员制度已经作为一种社会事实被人们接受并认可，其他城市都开始模仿早期采用公务员制度的城市，即合法性机制起决定作用。他们考虑美国在很长一段时间很少出现大公司之间的兼并行为或者是双方自愿兼并行为，但 20 世纪 60 年代后，开始出现并流行敌意兼并，即兼并方通过在股票市场上收购被兼并公司股票，控股之后快速实施兼并并解雇原有企业管理层。基于此提出研究问题：关注敌意兼并如何从一种不被接受的行为，演变成为一种合法化的、广为接受的社会事实？研究通过案例访谈法，揭示社会中最初出现的一种商业行为、一种不被人们接受的东西是怎么样通过一系列的变化被重新构造，最终成为大家所接受的事实和原则的。研究发现，最初媒体报道用充满敌意的话语来描述敌意兼并，但后来话语开始发生变化，改用中性词，开始强调兼并是一种互惠互利行为，即兼并方的自我粉饰不断扩散，最终占据了主流话语权。Haunschild（1993）研究了组织间模仿对公司实质性战略行动（收购行为）的影响。通过对 327 家公司在 1981 ~ 1990 年的收购数据的样本调查发现，公司经理正在通过董事职位模仿与其他公司进行的收购活动。Guillén（2002）认为企业的对外扩张被视为结构惯性和模仿所塑造的组织和战略变革。通过对中国、韩国企业的纵向分析表明，来自同一家乡企业的企业集团经验和模仿加快了对外扩张的速度。在公司首次进入外国后，行业模仿效应往往会下降。

之后，新制度主义学派提出的制度理论在学术界掀起一阵研究热潮。Raaijmakers 等（2015）考虑到制度复杂性可能导致决策者拖延合规性，发现决策者在遵守、合规之前利用时间尝试通过中和相反的压力来减少制度复杂性，挑战强制压力。此外，影响决策者选择反应的两个因素包括他们对制度复杂性的解释和他们对实践本身的个人信念。表 2 -1 归纳了新制度主义学派的代表作。

表 2 -1　新制度主义学派的相关研究

代表人物	核心观点
Haunschild 和 Beckman（1998）	通过实证分析验证替代信息源对联合董事和公司收购之间关系的影响，发现商业新闻报道增加了联合董事对企业收购的影响，进而证实了非正式制度对企业的影响
Greenwood 等（2002）	专业协会在一个不断变化的、高度机构化的组织领域中发挥重要作用，并且它们在合法化变革中也拥有举足轻重的作用
Henisz 和 Delios（2001）	当不确定性来自公司缺乏市场经验而不是来自市场决策机构结构的不确定性时，其他组织的先前决定和行动为不确定性决定提供合法化和信息
Ahmadjian 和 Robinson（2001）	揭示了 1990 ~ 1997 年日本上市公司永久性就业的权力下放的缩减作用。虽然经济压力引发了规模缩小，但社会和制度压力决定了缩小规模的步伐和过程
Lounsbury（2007）	研究根植于不同地点（波士顿和纽约）的受托人和绩效如何导致共同基金与独立专业资金管理公司建立合同的方式发生变化，对竞争逻辑的关注将制度研究从同构性转向了对多种形式的理性如何构成组织领域变革的理解
Heugens 和 Lander（2009）	通过元分析技术来解决制度理论中的核心争论：组织行为是社会结构还是组织机构的产物？结果发现社会结构的影响力很弱
沈洪涛和苏亮德（2014）	在制度合法性和不确定性条件下，研究重污染企业信息披露中的模仿行为，结果发现企业环境信息披露存在同构性和模仿行为
李建发等（2017）	以制度理论为基础提出适合我国国情的政府会计准则执行机制框架，并通过问卷调查的实证分析法获得相关经验证据，最终提出有效执行政府会计准则的政策建议

资料来源：作者整理。

因此，制度理论认为组织行为不仅是经济理性的，而且是规范理性的，不仅受效率机制驱动，而且受合法性机制驱动。基于制度理论，学者们从不同视角研究了企业管理问题，如战略选择、社会责任、技术创新等。由于本书聚焦于重污

染企业的环境战略选择，接下来将回顾基于制度理论的战略选择研究。

二、基于制度压力的战略选择研究

基于制度理论的战略选择起源于 Oliver（1991）的研究，研究发现制度影响组织发展，当企业面临不同的制度压力时，会做出不同的战略响应。基于此，她提出了制度压力下企业的五种战略反应类型，包括默许、妥协、回避、反抗和操纵。Hoffman（1997）对美国石油和天然气行业的企业进行研究，发现在相似行业背景下的公司往往采取类似的策略来应对他们所处的制度力量。Sharma 和 Vredenburg（1998）研究发现公司实施反应性与主动性战略之间的差异受到公共政策、强制性规定、媒体和非政府组织（NGOs）的压力。Peng（2002）发表在 *Asia Pacific Journal of Management* 上的论文掀起基于制度理论企业战略选择研究的热潮。此研究聚焦于一个核心问题：对于不同国家的相似企业，为什么他们的战略却存在巨大差异？其通过分析不同国家的正式和非正式制度差异，认为制度迥异是企业间战略选择不同的重要因素，企业战略选择是制度压力与组织动态互动的结果（见图 2－1）。从图 2－1 可以看出，企业战略选择不仅受行业条件和企业资源限制，还与企业所感知的正式和非正式制度压力有关。基于以上研究基础，Peng（2002）以亚洲经济体为依托，从供应商战略、创业者战略、差异化战略和成长战略四方面阐述了制度理论的演化过程，并指出了制度理论在企业战略选择中的重要作用，认为正式和非正式制度压力共同作用决定了企业的战略选择。

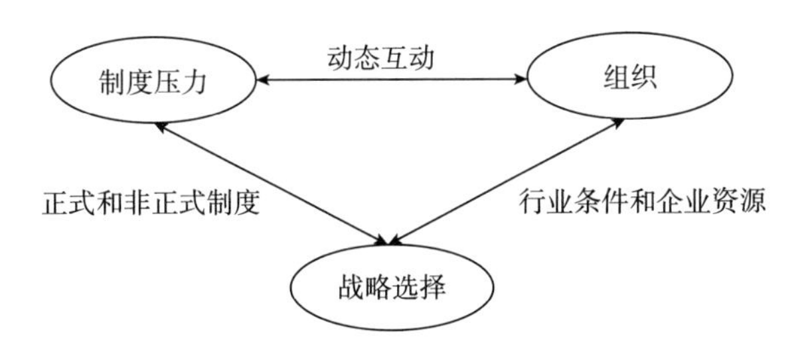

图 2－1　制度压力、组织和战略选择关系

随后，Peng 等（2009）基于制度理论回答了企业战略领域的四大基本问题，包括企业为何不同？企业如何行动？什么因素决定企业边界？什么因素决定了企业在全球范围的成败？具体如表 2 –2 所示。

表 2 –2　制度理论对战略领域四大基本问题的回答

基本问题	制度理论的回答
企业为何不同？	受制度环境约束，在制度环境中，面对相似的制度压力，企业趋向于相似，不同制度压力使企业存在很大差异
企业如何行动？	正式和非正式制度压力决定了企业的行动方式
什么因素决定企业边界？	正式和非正式制度压力是企业范围变动的决定因素
什么因素决定企业在全球范围的成败？	企业对所在地区正式和非正式制度压力的理解、适应和运用决定了企业的成败

资料来源：根据 Peng 等（2009）整理。

随后，国内外学者基于制度压力对企业战略选择的相关问题开展了大量研究。Pache 和 Santos（2010）考虑企业战略选择的前置因素，首先划分了制度压力所产生的冲突，包括观念冲突和功能冲突，其中观念冲突体现为不同制度压力所产生的目标冲突，功能层面的冲突体现为采用手段的冲突，基于此，他们认为组织内的权力分配与利益冲突显著影响战略反应，并建立起组织回应冲突性制度要求的理论模型。Bae 和 Salomon（2010）以日本制药企业为例对该理论模型进行了实证研究。他们发现电子和汽车等产业出现了创新型企业，而在制药业却没有出现类似创新型企业。究其原因，日本的制度环境不鼓励制药业企业的技术创新，这在一定程度上说明企业所处的制度环境给企业施加了创新的压力。Ghoshal（1989）指出当外部制度环境不完善时，企业制定战略并开展经营活动将受到极大阻碍。Shleifer 和 Vishny（1992）认为，中国资本市场制度逻辑的不完善，导致企业缺少融资渠道，有限的资金来源阻碍了企业有效的战略选择。

将制度压力划分为正式制度压力和非正式制度压力，学者们进一步研究了不同制度压力类型对企业战略选择的影响。正式制度压力是指来自政府和国家推行的成文的正式规则系统给企业施加的压力，如法律、管制、契约等；非正式制度压力则侧重于不成文的非正式规则系统给企业施加的压力，如风俗、规则、习俗，由政府之外的其他组织创造、传播和执行（North，1990；Scott，1987）。因此，企业采取行动时，其行为不仅受正式的法律、法规、契约等约束，而且受不成文的社会规则、风俗习惯以及潜规则所制约。多数学者研究正式制度压力与企业战略选择的关系，Burt（1983）采用美国数据，验证了由国家强制推行的相关法律法规和管制推动了企业进行多元化战略选择。正式制度压力分析范式的缺陷是侧重探究企业所处的政治环境而忽视了企业所处的文化环境。赵晶和王明（2016）建立了利益相关者非正式方式参与公司治理的分析范式，指出利益相关者给企业施加的非正式制度压力也会显著影响企业的公司治理与战略选择。考虑到正式制度压力和非正式制度压力两者之间的互补性。Peng（2003）指出企业管理层在既定的制度框架下，即在正式和非正式制度的共同压力下，理性地追求自身利益和做出战略选择。

三、基于制度压力的环境战略选择研究

制度压力对环境战略选择的影响文献已在理论背景部分进行了梳理。此处将围绕“波特假说”和利益相关者压力两个视角分析其对环境战略选择的影响。之所以在制度压力对企业环境战略选择研究的部分分析“波特假说”和利益相关者施压，主要归因于“波特假说”所提及的环境规制和利益相关者压力对环境战略选择的影响与制度压力对环境战略选择的影响有异曲同工之处。

1. “波特假说”——正式制度压力带来的企业环境战略选择

波特认为，合适的环境管制可以达到六个目的。第一，环境管制传递给公司信号，组织可能存在资源低效和潜在的技术改进；第二，环境管制可以通过提高企业意识实现重大利益，如要求企业提供有毒气体排放的报告；第三，环境管制减少了不确定性，组织明确用投资来解决环境将是有价值的；第四，环境管制创造了压力，推动企业创新和进步；第五，环境管制营造了行业过渡期的公平竞争环境，从行业过渡期到以创新为基础的解决方案出现期间，环境管制确保组织可以通过环境投资获得市场地位；第六，环境规制在企业创新不能完全补偿成本的情况下是需要的。波特承认创新总是无法完全抵消管制成本，但短期内可以减少创新型解决方案的成本。

严格的环境规制比松懈的环境规制带来更多的创新和创新补偿。相对松懈的

环境规制可能带来渐进的或者不能带来创新，经常会使企业选择次级解决方案；严格的环境规制让企业更加关注污染排放，并关注更多基础性的解决方案，比如重新配置产品和流程。然而，遵守环境规制的成本可能会随着环境规制的严格而提高，潜在的创新补偿可能会更高，导致组织合规的净成本可能会随着环境规制的严格而降低，甚至变成一种净收益。

基于波特假说，Doening 和 White（2002）提出相对于单纯采用命令的环境政策工具给企业施压，政府实施基于市场的环境政策工具对企业前瞻型环境战略选择的激励作用要更大。随后，学者们将命令型和市场型政策工具进行细分，试图剖析每种政策工具对企业实施前瞻型环境战略所施加的压力不同。Milliman 和 Price（2009）以美国重污染企业为研究对象，分析了进入标准、排放补贴、排污税、分配的配额和拍卖的配额对企业环境战略目标实现的影响，结果发现，拍卖的配额和税收手段给企业带来的压力，最有利于企业环境目标的实现；Palacio 等（2012）通过企业新技术投资的预期收益与投资成本的差值来探讨环境政策工具对企业环境战略的影响，具体探讨了污染税和交易污染许可两种环境政策工具，发现政府实施污染税比交易污染许可更能促进企业实施前瞻型环境战略；Jung 等（2010）的研究更进一步将交易污染许可细分为免费的交易污染许可和拍卖的交易污染许可，利用收益成本分析法评估了企业改善减排技术所获取的私人收益，结果发现当政策随着时间推移固定不变时，污染税比免费的交易污染许可更能促进企业节能减排，相比于污染税，拍卖的污染排放许可给企业带来的减排激励更积极，因此拍卖的交易污染许可、污染税、免费的交易污染许可对企业前瞻型环境战略选择的促进作用依次增加。

从波特假说出发，已有文献聚焦于正式制度压力对企业环境战略选择的影响研究，从利益相关者视角出发，以往研究中不仅包括政府这一利益相关者给企业带来的正式制度压力，还包括环保组织、社区等利益相关者给企业施加的非正式制度压力。

2. 企业利益相关者压力对环境战略选择的影响

企业利益相关者的划分存在不同类型。Freeman（1984）将利益相关者划分为两种类型：主要利益相关者和次要利益相关者。一般来说，主要利益相关者对该组织具有直接的经济利益（Donaldson and Preston，1995），包括市场参与者、股东、员工、供应商和消费者（Freeman，1984）。次要利益相关者在组织的外部，包括环境和社区利益相关者以及监管利益相关者（Henriques and Sadorsky，1999；Waddock and Graves，1997）。次要利益相关者不直接参与组织的经济交易，也不能控制关键的组织资源（Mitchell et al.，1997；Sharma and Henriques，2005）。然而，他们确实在该组织中具有间接的经济利益，因为次要利益相关者有能力动员舆论赞成或反对组织的业绩。贾兴平等（2016）将利益相关者划分为公司治理利益相关者、内部经济利益相关者、外部经济利益相关者、规制（监管）利益相关者、社会外部利益相关者。

已有研究发现，利益相关者施压对企业环境战略选择有显著影响。Murillo－Luna 等（2008）认为来自利益相关者的环保压力，比如环保组织、媒体等非正式制度压力将直接影响企业的环保主动性，进而影响企业的环保回应。Sharma 和 Vredenburg（1998）研究发现公司实施反应性与主动性战略之间的差异受到公共政策、强制性规定、媒体和非政府组织（NGOs）的压力影响。潘楚林和田虹（2016）以东北三省和长江三角洲地区的医药、纺织、钢铁、石油加工等制造行业企业为研究对象，实证分析了利益相关者压力对重污染企业的环境战略选择的影响，发现利益相关者压力对企业实施前瞻型环境战略有显著正向影响，而企业环境伦理、管理者道德动机以及竞争优势期望正向调节利益相关者压力与前瞻型环境战略之间的关系。马中东和陈莹（2010）从理论层面剖析企业环境战略选择应考虑的因素，建议企业综合权衡政府、环保组织、股东、投资者等利益相关者施压对企业环境战略的影响，进而选择适当的企业环境战略。

第二节　战略选择理论

一、战略选择理论的基本内容

20 世纪 50 年代，Simon 等学者率先开展了企业战略行为决策相关研究，从而开启了战略选择研究的新视角。他们强调组织并不总是受到环境影响而被动接受，也有机会重塑环境，管理层应该考虑到通过组织之间以及组织与其所处环境之间相互适应来制定自身战略。尽管战略选择理论学派认识到外部环境中的力量和变量是动态的，企业战略的制定受这些因素相互作用的影响，外部环境的变化会促使决策者调整其经营性战略。然而，他们更关注决策者的一些特征对环境和战略关系的影响，核心解决的问题是企业管理层和战略的关系，以及管理层对环境的异质性战略响应问题。Simon 和 March 在 1958 年发表的《组织》一书中指出，战略的制定和实施在很大程度上是企业管理者个人观念与组织需求相互作用的结果，因此组织战略决策的内生变量由企业管理者的期望、动机以及组织文化和结构等因素构成。从这一观点出发，环境战略理论强调了企业内部管理层特征、组织资源能力的重要性，尤其肯定了企业管理层在战略选择中的重要作用。

战略选择理论突破传统经济学中理性人的假设，认为企业战略选择的微观基础主要来自管理者的心理因素，即个体认知的非理性行为（Hodgkinson and Healey，2011）。认知观将人类的认知、心智模式等认知心理学概念引入企业战略，从认知视角来研究企业的战略行为。经过众多学者的研究归纳，影响企业战略选择的个体认知包括心智模式（Mintzberg，1990）、愿景（Feansman，1998）、战略和主导逻辑（Prahalad and Bettis，1986）等。Simon（1976）认为每个企业的决策形成过程很大程度上是由企业的核心成员，尤其高层管理者的心理或心智所决定的。Manimala（1992）从认知心理学的角度出发，认为企业管理层的战略决策不仅是理性思维的过程，还受非理性因素限制，并且随着环境的快速变化，管理者的非理性因素在管理决策中的地位越来越重要。Louis 和 Sutton（1991）认为，决策者倾向于使用现有的认知框架来理解除最新情况之外的所有情境，并且只要他们的个人感知提供了与世界互动的充分手段，他们通常会继续这样做下去。然而，当团队或组织的外部环境发生变化，则会促使决策者使用主动信息处理程序，导致这种主要基于现有认知框架做出决策的倾向会减弱。Starbuck 和 Milliken（1988）采用实证分析验证了这一观点，指出促使决策者考虑新信息和协调不一致信息的企业例程增加了现有认知框架被否定的可能性。由于组织处于复杂的环境之中，组织为决策所搜集的信息在管理者认知之前会遭遇各种各样的扭曲与过滤，因此组织决策在实际形成过程中偏重于实用性，而非最优化。Sirmon 等（2011）提出理论假设企业领导者的认知在利用组织资源产生有价值的能力方面

发挥着关键作用，通过问卷调查和实证分析发现企业领导者的知识和行为影响企业的战略制定。

随着认知理论的发展，学者们开始关注企业家的注意力问题，在认知模式研究的基础上，Ocasio（1997）提出了企业的注意力基础观。注意力最早来源于心理学研究，属于心理学概念，心理学指出注意力是一些事物（比如事件、实物、感觉、想法等）占据个体意识的程度（Fiske and Taylor，1984）。Ocasio（1997）将其引入战略管理领域，指出注意力是企业管理者对事件（如外部制度或市场环境中的问题、机会、威胁等）和反应（如建议、惯例、计划、程序等）所采取的关注、编码、解释和聚焦的行为（Ocasio，2001），因此决策者的判断取决于他们在决策时的关注焦点。一般来说，当信息不被管理者熟悉，或该信息与目标相关时，这些信息才会成为企业管理层关注的焦点（Nadkarni and Barr，2008）。在评估高管的认知框架对注意力的影响时，实证研究表明高管们特别关注他们认为是先验的问题和信息，因为这些问题和信息会影响组织结果。许多因素都会对决策者的注意力产生影响，既包括决策者本身的客观特征（如年龄、受教育程度、职业经历等）和心理特征（如认知、心智模式），也包括决策者所处的组织环境。近几年来，许多学者进行了基于注意力的企业战略行为研究，并且取得了不少值得关注的成果。Gioia 和 Thomas（1996）指出决策者倾向于将注意力集中在他们认为具有战略意义的问题上。Boyd 和 Fulk（1996）在对企业 CEO 的研究中发现，企业管理层的环境扫描主要针对被标记为具有战略重要性的信息；Barnett（2008）通过对实物期权类企业的调研，发现这些企业的管理层注意力影响他们的战略行为；Cho 和 Hambrick（2006）实证分析了企业高管团队的注意力对企业战略行为有决定性作用；Eggers 和 Kaplan（2009）考察了决策者认知对企业战略更新的影响，结果发现决策者的注意力对企业进入新市场的时机产生了显著的影响；Nadkarni 和 Barr（2008）研究发现，企业家认知在企业环境与企业战略行为之间起着部分中介作用。

认知框架影响信息处理的两个重要方面，除了注意力，还包括对信息的解释。在实践中，高管必须首先注意到某一问题，其次才能制定或实施对应的战略，因此注意到不足以驱动反应（Barr et al.，1992），管理人员还必须将他们认为重要的信息解释为需要回应。基于以上考虑，认知框架中嵌入的因果逻辑会同时影响注意和解释（Kiesler and Sproull，1982）。认知观认为认知框架通过引导注意力和解释来影响管理者的战略决策（Kahneman，1973）。Thomas 等（2001）的研究结果表明，认知框架可以引导管理者通过可伸缩的方式关注他们认为过去重要的信息类型，并忽略其他信息，然后通过对这些信息的解释，来影响企业的战略决策。因此，类似于学者对注意的影响，高管所具有的认知框架影响了解释，因为信息和重要结果之间的感知因果关系是预先存在的结构，新信息的相关性需要组织管理层的解释和判断（Taylor，1991）。例如，托马斯等（1994）提出组织决策者倾向于信息是否影响绩效来解释问题，而这些因果解释会影响组织行动的后续过程。Barr 和 Huff（1997）通过实证研究表明，公司是否以及如何快速响应环境变化取决于高管们是否将这些事件视为与组织结果有因果关系。给出这一证据表明战略重要性的观念会影响解释并且愿意对信息做出反应，合乎逻辑的是在认知框架中被解释为具有战略重要性的竞争行动更有可能得到回应。

此外，企业管理层的情绪也影响了企业的战略决策和行为（Hodgkinson and Healey，2011）。Izard（2009）指出情绪状态可以是短暂的，如由突然大声喧哗引发的恐惧，或者更长时间的恐惧，如对恐怖主义的恐惧。当一种情绪持续时间更长时，它通常指的是长时间对同一目标多次经历相同情绪的人，不断重复评估过程直到情况得到解决（Ellsworth and Scherer，2003）。Phelps 等（2014）通过调查美国居民的购买行为，发现情绪会影响人们的选择和行为。Niedenthal 和 Brauer（2012）指出情绪也会以实质性方式影响社会过程；Huy 等（2014）通过调研企业的高层管理者，发现高管情绪可以显著影响组织成员与战略实施相关的思维和行为。此外，相关研究发现情感经常在组织团体中共享，因为团体成员关注的事物类似并喜欢在社交上分享他们的情感（Menges and Kilduff，2015）。因此，共享情绪可以提供一种补充机制，用于理解组织团队在战略决策过程中如何沟通、协调和行动，从而影响其结果。表 2－3 归纳出战略行为认知观和情绪观的核心人物及其观点。

基于以上文献梳理可以看出，以认知和情绪影响战略行为研究是硬币的两面，相辅相成。组织从制定决策到对外采取各种战略实践，主要基于组织管理者所表现出的各具差异性与独特性的有限理性，而这些有限理性的差异决定了管理者不同的认知观念和其所处情境中表现出的情绪，最终导致企业战略选择的差异。

表2-3 战略行为认知观和情绪观的核心人物及观点

核心人物	核心观点
Huff（1990）	战略逻辑指外部环境与战略行为之间的相互关系，它决定了是外部环境影响战略行为还是战略行为影响外部环境。战略逻辑不仅是制定战略的基础，而且还决定管理者对战略的理解和解释等
Mintzberg（1990）	企业最成功的战略是愿景而不是计划，管理者不要混淆真正的愿景与数字游戏之间的区别
Gavetti 和 Levinthal（2000）	企业管理层的个人认知决定了企业的发展方向和组织能力的发展轨迹
Tripsas 和 Gavetti（2000）	企业管理层的主导认知对企业影响深远，主导认知持续的时间越长，被遗忘的可能性就越小；主导认知的相对稳定性决定企业成长的稳定性
Karacapilidis 等（2003）	外部环境会以保护或者破坏的方式影响企业管理层的心智模式，而心智模式会对管理层的环境感知进行过滤，被心智模式过滤过的环境感知最终会触发重大的战略行动
Poeell 等（2011）	企业的管理层，尤其是高管团队的情绪，对企业战略决策制定有重要的影响
Gavetti（2011）	若组织的战略领导者能够运用联想思维，或者说是灵感和直觉来说服相关各方接受远离现状的机遇，那么通常就能取得非常好的结果
Hodgknson 和 Healey（2011）	一个组织的管理者情绪可以与其认知形成互补，两者并行考虑可以提高企业的战略选择质量
Vuori 和 Huy（2016）	管理层的情绪影响企业的战略选择。诺基亚公司邮箱衰落的原因在于企业管理者对触屏手机或将成为手机行业未来的恐慌情绪
陈诚和毛基业（2017）	在应对动荡的市场环境时，企业管理者需要快速应对，这时情绪的作用要远大于管理者的认知

资料来源：作者整理。

二、资源特征视角下企业战略选择研究

资源基础观认为企业管理层的战略选择受其所拥有的资源制约（Sirmon et al.，2011）。Chadwick 和 Dabu（2009）指出企业整合或解除现有资源，以创造新能力或改变现有资源，然后利用这些资源为客户创造增值。为了优化这一过程所创造的价值，公司的最高领导者必须采取协调一致的管理行动来澄清这些资源之间的联系并实施或组织的战略。企业的资源包括物质资源、知识资源和其所具

备的能力（Chatterjee and Wemerfelt，1991）。因此，知识基础观和企业能力观逐步成为企业战略管理领域的两大分析模块。

知识基础观认为企业所拥有的知识和技能是企业管理者进行战略选择的重要决定因素。企业所具备的知识包括显性知识和隐性知识，显性知识是指可以编码的知识，可以通过口头传授、书面材料、数据库、书籍、报纸杂志、文献和软件等方式获取和传播；隐性知识则代表了高度个人化的知识，编码难度较大，一般包括个体的思维模式、信仰观点和心智模式等（Ikujiro Nonaka，2000）。相关文献证实，这些显性知识和隐性知识共同决定了企业管理层的战略选择。Madhok（1997）基于知识的不可模仿性和不完全流动性特征，即从理论层面分析企业战略决策时的内部化和合作问题，发现企业内不完全可模仿的资源和能力会通过选择内部化方式来转移和使用，不完全流动的资源和能力则通过选择合作方式来转移和使用。Kogut 和 Zander（1993）指出企业管理层的战略选择受制于其所具备的技术知识，因此管理者在制定或选择企业战略时，应充分考虑战略实施过程中是否可以利用学习或使用的技术，让企业运营效益达到最大化。Kogut 和 Zander（1993）用技术知识特性（包括复杂性、可编码性和传播性）来说明技术知识特性与企业竞争战略选择之间的关系。

企业能力观则强调了企业核心能力与其战略行为的相互关系。已有文献一致认为，能力并不仅仅代表企业资产、技术或人力等其他资源，而是一种独特且优越的资源分配方式。它解决了整个组织的复杂流程，如产品开发、客户关系或供应链管理（Cyert and March，1963）。组织能力是公司高度重视的属性，组织希望被视为拥有显著的能力。从这个角度来看，多数组织会进一步投资于他们当前的能力集并基于这些能力制定战略。比如，Lenox 等（2006）认为企业制定战略成功与否受到企业这种独特资源分配方式——核心能力、动态能力的影响。Leiblein（2011）通过实证研究验证了这种观点，即同一行业中公司战略的差异可以通过其基本能力的差异来解释，并且拥有差异化核心能力的企业其战略制定往往优于其他企业。Bergson（1998）提出企业所具备的核心能力不仅使企业获得卓越的绩效，而且还为未来的竞争提供新的战略选择。这一观点也得到 Bloom（2013）的证实，企业核心能力不仅决定企业的行为，而且决定企业战略行为的方向与选择。Rivkin 和 Siggelkow（2003）指出即使在竞争激烈的外部环境中，基

于制度理论的模仿和适应这一领域也强调不同战略选择的出现，主要归因于企业不同能力配置的出现。然而，组织能力存在悖论，很多企业往往过于坚持其战略方向而最终走向衰落，这其中的一个原因是企业所具备能力的路径依赖性。路径依赖首先意味着“历史很重要”（David，1985），即公司当前和未来的决策能力都是由过去的决策及其基本模式所印记的（Arthur，1989；Cowan and Gunby，1996），这种自我强化的过程可能会建立战略路径，这些路径很容易大幅缩小战略选择的范围。在最坏的情况下，特定方向被锁定，企业排除了任何其他的战略选择。

三、基于战略选择理论的环境战略选择研究

基于战略选择理论，学者们对环境战略选择的内部影响因素展开研究（王婷，2017）。Banerjee（2002）认为，高层管理人员的承诺对于成功的环境管理至关重要。Buysse 和 Verbeke（2003）得出结论，企业愿景和强有力的领导是实施全公司环境管理战略的两个主要推动者。Coddington（1993）得出结论，企业愿景和强有力的领导是实施全公司环境管理战略的两个主要推动者。Dechant 和 Altman（1994）指出，企业领导者将组织的共同价值体现为环境可持续发展，并创造或维护整个企业的绿色价值。Porter 和 Van der Linde（1995）认为，发达国家的企业在污染治理设备和人员环境管理技术等重要资源上拥有绝对优势，使发达国家企业在应对污染问题时能够采用绿色创新战略，这是发达国家企业比发展中国家企业能更好地处理环境问题的重要原因（张小军，2012）。Majumdar 和 Marcus（2001）表明管理者的企业家精神、新技术开发意愿、创造力和风险承担能力等是实施环境战略的重要资源。Delgado－Ceballos 等（2012）指出利益相关者整合能力与积极的环境战略正相关。Sharma（2000）指出，公司经理将环境问题解释为机会的程度越高，公司展示自愿环境战略的可能性就越大；相反，对于经理们将环境问题解释为威胁的程度，公司表现出一致性环境战略的可能性越大。笔者进一步发现将环境问题解释为机会受两个因素影响，将环境问题合法化作为企业形象的一个组成部分，以及管理者创造性解决问题的自由裁量权。孙宝连等（2009）分别从宏观因素和微观因素进行分析，认为绿色社会观念、绿色文化、绿色竞争、环保管理能力是推动企业选择前瞻型环境战略的主要因素。张海

姣和曹芳萍（2013）认为，企业实施绿色管理的动力来源主要在于其所追求的竞争优势和所承担的环境责任。

第三节 战略演化理论

一、战略演化理论的基本内容

1. 战略演化观的理论来源

“演化”一词起源于拉丁文 Evolution，直译为把卷起的东西展开。演化的学术开端始于达尔文的《物种起源》，达尔文在 1859 年首次使用了“有变化的传衍”来表示物种随时间的复杂变化，并将其定义为演化（达尔文，1972）。他强调环境对物种的自然选择过程，生物体在面对外部环境变化时，要在不断地竞争中适应环境，即所谓的适者生存。Simpson 和 Weiner（1989）提出了“演化”的七种基本涵义：①事物发展的过程；②侧重事物突然出现（涌现）的过程；③事物解除或散发的过程；④指事物非线性开展的过程；⑤指事物从初级向高级发展的过程；⑥指根据事物内在发展趋势，事物之间通过对比不断发展的过程；⑦将物种的思想扩展为人类社会，指出人类社会的发展过程。随后，拉马克（1936）对演化进行了更深入的研究，提出了生物对环境的主观适应性，也就是生物对环境的变化产生适应，经常使用的身体部位会越来越发达，而不常用的部位将会退化或消失。这一观点在企业研究领域受到了学者们的推崇。多数文献认为生物学中演化表示为物质由无序到有序，由简单到复杂的有方向性的变化过程，这其中强调事物的变化是进步性的或由低向高的发展。然而企业会有意识地、能动地适应环境的变化，企业变异是有目的、有方向的，并且其变异后所拥有的特征会有意识地保留下来。因此，在管理学中，演化则更关注于事物随时间变化的形态，过程可以是进化的，也可以是退化的，甚或是起点与终点不变的，比如企业演化过程中的反复与振荡现象。

此外，Van Valen 在 1973 年提出的协同演化也是企业战略演化观的理论来

源。他在研究生物演化时指出，随着环境不断发生变化，每个生物也必须不停地紧随其后，才能保证自己相对稳定的竞争地位（Van Valen，1973）。Kauffman（1993）提出演化是协同的。这一观点给管理学者以启示。Arie（1999）从管理学视角将协同演化定义为管理意图，环境和制度效应的共同结果，在所有相互作用的组织群体中都可能发生变化。变更可以通过系统其他部分的直接交互和反馈来驱动。换句话说，变革可以是递归的，不需要是管理适应或环境选择的结果，而是管理意图和环境影响的共同结果。March（1991）借助自适应思维研究了微观层面（个体信念）和企业层面（组织规范）演化过程中的相互作用。Baum 和 Singh（1996）考虑了社区、组织和组织内层面的协同演化，发现较低层次的协同演化总是发生在更高层次的协同演化背景下。换句话说，企业内部的微观协同演化秩序在宏观协同演化选择主义者竞争压力的背景下出现。使用这种嵌套共同演化视角的研究较少（Virany，1992；Garud and Van de Ven，2010）。之后，McKelvey（1997）提出协同演化是在多层次上进行的，他区分了公司内部的协同演化（微观演进）以及企业与其利基之间的协同演化（宏观演进）。宏观演化理论的重点在于强调企业存在于共同竞争的环境之中，而微观演化则考虑了内部资本、动态能力和能力在内部竞争环境中的共同演化（眭纪刚、陈芳，2016）。在此基础上，Volberda 和 Lewin（2003）指出协同演化是管理层意图、组织努力和环境变化共同作用的结果，并系统分析了协同演化理论的性质、要求和研究挑战，掀起了学术界对协同演化研究的热潮。Suhomlinova（2006）提出了转型经济体中的组织和环境共同演化模型，突出了微观（企业层面的适应）和中观层面（行业层面选择组织形式）之间的相互作用。Xiaoying 等（2016）通过案例研究，描述变化的商业环境与企业战略选择之间的宏观协同演化，以及组织战略和企业内的知识管理导向、过程及基础设施的微观协同演化。

2. 战略演化理论的主要内容

企业战略演化观是企业战略理论研究领域中的重要流派之一。20 世纪 80 年代以来，企业战略演化观得到了极大的发展。它集合了演化经济学、生物进化论和传统战略理论等方面的众多研究成果，从战略的动态变化视角探讨企业的生存发展问题。

企业战略演化一般包含三个基本要素。第一是现有战略，即在企业现有要素禀赋存量既定的条件下，企业所做出的战略选择。惯例在很大程度上影响着企业现有战略的安排。Nelson 和 Winter（1982）在 *An Evolutionary Theory of Economic Change* 中指出惯例是组织的“基因”，构成了演化理论的遗传因素，决定了企业在特定环境中需要做什么和怎么做，并在一定程度上解释了企业行为的稳定性。与此同时，组织惯例是动态的，随着时间和空间的变化，管理者会不断适应外部的变化而使惯例发生改变。Feldman 和 Pentland（2003）发表在“*Administrative Science Quarterly*”上的文章可以说是惯例动态性的基础理论阐述。虽然在此之前已经有识别惯例的内部动态性研究，但是此文分析了一个绩效方式（在特定时间和地点的具体表现）的递归循环形式，更深入分析了这种动态产生的稳定性和变化（Feldman and Pentland，2003）。这种管理动态性的研究为战略演化提供了强有力的支撑。

第二是环境变化。企业外部环境的变化是企业战略演化的导火索，是企业战略发生变异的最主要的外部力量。一般来讲，企业的外部环境可以分为制度环境和市场竞争环境两部分。制度环境包括企业所处的正式制度环境和非正式制度环境。正式制度环境包括国家颁布的一些法律和规章，非正式制度环境是指不同文化下形成的一些约定俗成的规则或组织所处社会的文化期望。市场竞争环境包括企业的市场需求和行业竞争环境。随着环境变化，则会产生一系列链条形式的改变：环境变化—压力、新机会—惯例变异—搜寻与学习—变异完成与反馈（陈敬贵，2005）。与外部环境提供战略外部力量相对应的则是企业内部环境，资源能力的变化决定了企业战略发生变异的大小。压力—反应机制认为，外部制度或市场环境变化会触发企业内部管理层的变革意识。对于资源能力丰富的企业，外部环境会推动企业内部决策者以及其他相关部门的协同作用，最终改变环境战略。如果企业的能力不足，那么外部环境变化并不足以导致企业现有战略对外部压力做出响应。

第三是高层管理团队。企业的现有战略和环境变化所能确定的是企业战略调整潜在大小，战略是否能够调整最终取决于高层管理者的认知能力、变革意愿和执行能力（Starburk，1998）。Starburk（1998）认为具备认知能力、变革意愿和执行能力的高层领导者能够对组织的愿景、价值观、组织氛围和战略导向等因素施加积极影响，进而在复杂多变的环境中，提升组织的竞争优势。Hambrick 和

Pettigrew（2001）提出的高阶理论，强调了组织高层管理者对其战略、运营甚至绩效的重要影响。

传统战略理论强调企业在某一时间内做出的战略选择以及其对企业绩效的影响，以 Burgelman（1991）为代表的演化视角为战略管理理论注入新内容（Child，1972）。Hrebiniak 和 Joyce（1985）认为战略理论建设中的时间跨度（Time Horizon）概念是非常重要的，因为不同时间跨度下外部环境存在变化，其所导致的变异变量会有差异，因此企业战略演化过程会随着时间的推移产生不同的结果，而这些在传统战略研究中，并不能很好地得到解释，也就无法揭示企业新战略的形成和旧战略更替过程。这一观点就引发了传统战略理论与战略演化理论研究的不同侧重点。其中，传统战略理论侧重研究企业的横截面问题，即某个时间点企业的战略是什么，如何做出的选择，更多关注企业战略所带来的绩效问题，解释企业为何能够获得超常利润；战略演化观则更加关注企业在纵向时间流中的发展，回答企业如何伴随时间推移而进行战略选择以获取竞争优势。此外，传统战略理论大多是在给定的时间内寻求与可观察到的经验模式相一致的理论原则，通常采用可追溯的研究方法，对竞争优势的探讨往往具有事后追溯的特征；企业战略演化观则认为企业的战略选择需要考虑不同竞争优势的截面状况和时序趋势（李庆华等，2006），并无事后追溯的特点。

二、企业战略演化路径与动力研究

目前关于战略演化，学者们从两大方面进行研究。首先是现有文献关注选择过程和战略变化的路径，并从多个角度开展了战略演化路径的研究，然而多数研究采用了定性研究和概念性描述的方法。Burgelman（1983）详细描述了 Intel 公司组织和技术的演化过程。Mintzberg 和 Waters（1985）、Mintzberg（2001）以及 Mintzberg 和 McHugh（1985）通过定性研究展示了企业如何有意识地塑造战略演变，而 Greiner（1989）认为战略时刻处在连续进化的阶段。

自过程研究创始人 Bower 将企业战略视为一种动态的演化现象以来（Bower，1970），战略过程研究（Strategy Process）逐渐成为战略管理领域的热点和趋势（Fredrickson，1984；Hautz et al.，2017）。现有文献侧重于战略决策和决策过程、战略更新、竞争力与能力的演变、战略演化驱动力等问题，其中战略演化驱动力的相关研究为本书提供了理论基础。Starbuck（1994）和 Graebner（2004）认为机会是企业战略演进的重要因素。同时，DiMaggio 和 Powell（1983）提出环境或制度压力对企业战略演进的重要作用（邓少军等，2011）。此外，Lawless 和 Finch（1989）以及周青等（2017）认为环境决定论和管理选择共同作用形成战略。Schumpeter（1934）、Teece（1997）和 Barney（1991）等认为创新是推动战略演化的根本力量。上述研究的主要学术贡献是将战略演进看作由管理选择、机会和环境等因素的函数。复杂性科学（非线性和动态系统科学）为塑造战略活动演变的动力学提供了潜在的互补见解，其中两个研究领域对于探索战略演化特别有意义：①自组织系统理论；②复杂适应系统理论。他们解释了互动元素引发的流程如何随着时间推移而发展。自组织系统理论又称协同学（Prigogine and Allen，1990；王芳和邓明然，2016；王丽萍等，2017），研究了互动元素之间的相互作用如何产生秩序。复杂适应系统（CAS）理论认为演变是互动元素之间相互联系的一个函数，由决策者制定，也可能导致随机性。当元素相互作用导致非线性动力学复合的不稳定而不是传统研究中预设的相对稳定时，战略演化路径变得模糊（Garud and Gehman，2012；许强，2018）。复杂科学对战略演化的贡献被一些学者所证实（De Rond and Thietart，2007；MacKay and Chia，2013；Thietart，2016）。

具体来看，将战略演化的动力从组织生态学、战略选择、战略演化的非自主过程三个视角进行回顾。组织生态学理论侧重于选择、变异和保留过程，用于阐明组织群的演变，但战略管理理论则以企业层面的适应为策略和组织设计。组织生态学研究是基于纵向数据，并在研究之间分享基本变量定义和测量。战略选择研究主要采用短期适应事件或单一案例研究的横断面设计或研究。此外，战略管理研究中实证研究的可比性差异来自许多相互竞争的理论模型，模型规范的扩散，以及缺乏变量和措施的共同定义。然而，组织生态学研究与单个组织单位层面的适应性断开，因此不能直接有助于阐明企业层面的适应性。

1. 基于组织生态学的战略演化

根据组织生态学，管理意图对适应性几乎没有影响（Hannan and Freeman，1977）。环境通过资源稀缺和竞争来选择组织，这种选择过程的分析是在组织的群体层面上应用的，因为组织生态学重点关注组织群体的适应度分布，而不是任

何单一组织的适应度。此外，组织的重组和转型尝试被认为是徒劳的，甚至降低了企业的生存机会。无法适应是惯性压力的直接结果，惯性压力阻止组织响应于他们的环境而改变。结构惯性是指一类组织的自适应行为能力与其特定环境之间的对应关系（Hannan and Freeman，1984；Mason，1949）。组织通过保留过程积累结构性和程序性的东西，组织响应环境变化的能力与结构惯性的积累直接相关。在种群生态理论中，企业生存是高可靠性和专业化的函数。然而，随着环境变化率超过企业稳定的变化率，选择概率将会上升，这种战略的极端表现是管理没有任何区别。最好的管理层可以把重点放在企业的利基（Niche）上，优化企业的专业化希望最大化。当新进入者定义新的环境和旧的利基衰退时，利基的企业变得越来越同构并被选出（Miller，1990）。

组织生态学在 Hannan 和 Freeman（1977）的组织种群生态学基础上衍化而来，倡导环境决定论，假设组织的命运是基于公司的某些可识别属性与先前存在的环境力量之间的契合度。它强调自然选择在决定组织生存和成长中的重要地位（Hannan and Freeman，1984；Hannan et al.，2003；Siggelkow and Levinthal，2008），重点关注环境对企业的选择过程，认为企业的出现、发展、成长或死亡是环境选择的结果。比如，Hannan 和 Freeman（1984）重点关注环境对企业的选择过程，认为企业的出现、发展、成长或死亡是环境选择的结果。随后，组织生态学吸纳制度理论、战略理论的相关观点，试图研究组织环境在战略形成与演化过程中的作用。其中，外部环境的竞争和合法性是组织生态学研究的两个基本面。DiMaggio 和 Powell（1983）提出制度压力对企业战略演化的重要作用；Ashforth 和 Reingen（2014）提出企业的战略选择取决于制度压力的相对力量，也有学者提出制度环境可能会引发特定问题，而这些问题会选择性地触发战略变革（Lechner et al.，2010）。Starbuck（1994）和 Graebner（2004）认为机会是企业战略演化的重要因素；Lovas 和 Ghohal（2000）以生态学的演化观念观察了组织的战略变动，他们发现组织的人力资源及社会资本在战略演化过程中具有自然选择的力量，最终引导战略的演化方向。

组织生态学观点并不否认管理者对组织战略的选择，但确实表明，当管理者面对模糊和不确定的外部环境变化时，会为了生存被动地适应外部环境，遭受自然选择（Baum and Rao，2004）。

2. 基于管理选择的战略演化

与组织生态学观点恰恰相反，战略选择理论强调组织并不总是外部环境变化的被动接受者，也有机会和权力适应甚至重塑环境。从这一理论出发，战略变革常常被看作是在特定环境下，组织为达成预定目标，行动者有目的的选择（Hrebiniak and Joyce，1985）。学者们沿着行动者的类型和特征两条主线开展研究。Pettigrew（1992）开创了管理者在战略过程研究领域的先河，强调公司顶层的管理精英是战略演化的驱动力，比如董事会流程中 CEO、TMT 和董事会成员；近年来，考虑到中层管理者的利益和行动并不能总与整个组织达成一致（Floyd and Lane，2000），关于中层管理者参与战略流程以及如何提高战略实施质量的研究备受关注（Ahearn et al.，2013；Raes et al.，2011），甚至有学者提出在战略实施过程中，核心员工有超越管理层的重要性（Mantere and Vaara，2008），也有文献指出，跨越多个组织层面的从业者广泛参与战略规划更有利于战略的成功实施（Floyd and Wooldridge，2000）。

此外，管理层认知、注意力和情绪的研究也为战略演化提供了新视角（Hodgkinson and Healey，2011）。在企业外部环境中存在大量不完整、含糊不清且往往相互矛盾的信息（McCall and Kaplan，1985）。社会心理学的文献表明，决策者依靠认知框架进行处理，他们通过先前的经验来关注和解释环境中的信息（Tripsas and Gavetti，2000）。Barr 和 Huff（1997）进一步指出认知差异导致高管应对外部各种挑战，如行业监管和技术的变化等有显著不同。显而易见，管理者的认知差异是大规模战略变革的重要决定因素（Gavetti，2012）。这一点得到学者们认同，Reitzig 和 Sorenson（2013）认为战略变革是一个多层次的社会学习过程，学习过程加深了企业管理者的认知，而管理认知的变化又进一步推动战略变革，如此以往，企业发生战略演化。

3. 战略演化的非自主过程

无论是基于组织生态学的战略演化还是基于管理选择的战略演化，都认为战略变革过程涉及事物的有意识行为。自主观点接受了战略选择和人口生态学观点的许多见解，但却扭转了它们的本体论优先级，并重新关注了迅速出现的、经常是无意的、往往令人惊讶的多因素复合体之间不稳定的动态相互作用。变革可以自愿发生，而不需要可识别的变革推动者（Bergson，1992）。

有意识和无意识的战略变革观点差异主要归因于两种观点的理论假设不同。无论是基于组织生态学的战略演化还是基于管理选择的战略演化，都假定事物之间存在紧密、线性和因果关系。然而，关于环境和管理选择相互作用如何塑造组织战略形成与演化仍然存在模糊性（Thietart，2016），致使无意识的战略变革假设战略变革过程并非直线流动越发合理。有部分学者发现在不断变化的环境中，企业从一种冻结状态到另一种冻结状态转换，此时的线性模型并非有效（Garud and Vande Ven，2002），从而将注意力集中在以混沌动力学为特征的非线性关系。间断平衡论（Punctuated Equilibrium）是古生物学研究中提出的一个进化学说，1972 年由美国古生物学家埃尔德雷奇和古尔德提出后，在欧美流传颇广。间断平衡论认为新事物只能以跳跃的方式快速形成，并且新事物一旦形成就处于保守或进化停滞状态，直到下一次物种形成事件发生之前，在表型上都不会有明显变化，也就是说进化是跳跃与停滞相间，不存在匀速、渐变。

涌现战略是战略演化非线性特征的主要表现形式之一。对于一个完全有意识的策略，也就是说，对于实现的策略（行动模式）完全按照预期形成，必须至少满足三个条件（Thietart and Forgues，1995）。首先，组织中的管理者必须有精确的意图，并以相对具体的细节层次表达，以便在采取任何行动之前清晰自己的需求。其次，组织的行为是集体行动，为了消除关于意图是否是组织的任何可能的疑问，它们必须对几乎所有参与者都是一致的。最后，这些集体意图必须完全按照预期实现，这意味着没有外部力量（市场、技术、政治等）可以干扰管理层的意图。换句话说，环境必须完全可预测，完全是良性的，或者在组织的完全控制之下。这三个条件构成了很高的要求，因此我们不太可能在组织中找到任何完美的策略。对于一个完全涌现的战略，在没有意图的情况下，必须在一段时间内保持行动的秩序一致性。如果不是来自领导层本身的承认，很难想象在完全没有意图的情况下行动。这样我们可以看出纯粹的涌现战略与纯粹诱导战略一样罕见。实际上，这两者形成了一个连续体的两极，在现实世界中，领导意图或多或少精确和具体，或多或少地共享，对组织行动的集中控制程度也不同，环境或多或少是良性的、可控的或可预测的。基于这样的考虑，介于完全诱导式和完全涌现式之间，Mintzberg 和 Waters（1985）提出了几种企业战略：①计划战略。企业的领导者尽可能精确地制定他们的意图，然后努力实施，尽量减少扭曲。为了确保这一点，领导者必须首先以计划的形式表达他们的意图，尽量减少混淆，然后进行预算，以时间表等形式尽可能详细地阐述这个计划。②创业战略。这种战略放松了管理层具有精确和明确的意图这一假设。由于这种策略在创业公司中相当普遍，受到所有者的严格控制，因此可称为创业策略。在这种情况下，行动模式或一致性的力量是个人愿景，即中心行为者对其组织在其世界中所处位置的概念。创业策略最常出现在年轻和小型组织（个人控制可行）中，这些组织能够在其环境中找到相对安全的利基。然而，这些策略有时也可以在较大的组织中找到，特别是在危机情况下，所有参与者都愿意遵循具有远见和意志的单一领导者的指导。③意识形态战略。所谓意识形态战略，是指当一个组织的管理者们分享一个愿景并对其进行如此强烈的认同以至于他们将其视为一种意识形态时，那么他们必然会在其行为中表现出相同的模式，从而可以识别出明确的实现策略。这种战略起源于共同的信念，意图作为所有行动者的集体愿景，以鼓舞人心的形式存在，并且意图通过社会化的规范控制。④过程战略。领导在一个组织中发挥作用，其中其他参与者必须有相当大的自由裁量权来决定结果，因为环境复杂，也许是不可预测和无法控制的。管理者不是试图通过边界或目标在一般水平上控制战略内容，而是需要间接地行使影响力。具体而言，管理者控制战略制定过程，同时将战略内容留给其他参与者。因此这种战略实践在一个方面是刻意的，在另一个方面是紧急的，因为中央领导层设计的系统允许其他人灵活地在其中发展。例如，领导层可以控制组织的人员配置，从而确定谁制定战略，但是不控制战略的具体内容。⑤无关联战略。未连接的策略可能是最直接的策略之一。组织的一部分具有相当大的自由裁量权，有时甚至是一个单独的个体，比如子公司，因为它与其母公司和其他子公司松散耦合，能够在其行动流中实现自己的模式。他们既不来自中央领导，也不来自整个组织的意图，从整个组织的角度来看，他们的战略属于涌现形式。⑥共识战略。当完全放弃管理者意图这一假设条件，共识战略产生。所谓共识战略，是指企业不同层级的人员（包括高层管理者、中层管理者甚至员工）自然地聚集在同一主题或模式上，这样它在组织中变得无处不在，而不需要任何中心方向或控制，其与意识形态战略不同，意识形态战略围绕信仰系统形成共识，共识战略源于不同参与者之间的相互调整，因为他们相互学习并从各种环境中学习，从而找到适合他们的共同的，可能是意想不到的模式。比

如，20 世纪 50 年代初，加拿大国家电影局制作了第一部电视电影，几个月后，该组织发现自己将 2/3 的努力集中在该媒体上。尽管存在激烈的争论和相反的管理意图迹象，但一位电影制片人通过制作第一部电影开创了先例，其他许多电影也很快效仿。这种自发性可能反映了强烈的一致性。共识战略有这样的特点，一旦出现了正确的想法，就会很快达成共识，就像过饱和的解决方案受到干扰一样。表 2－4 展示了六大战略以及每种战略的特征。

表 2－4　战略类型划分

战略	战略特征
计划战略	战略源于正式计划：中央领导层存在，制定和阐明精确意图，并通过正式控制予以支持，以确保在良性、可控或可预测的环境中实施；策略最慎重
创业战略	战略源于中心愿景：意图存在于单一领导者的个人不明确的愿景中，因此适应新的机会；领导者个人控制下的组织，位于环境受保护的利基市场；战略相对慎重，但可以涌现
意识形态战略	战略起源于共同的信念：意图作为所有行动者的集体愿景，以鼓舞人心的形式存在，相对不变的，通过灌输和社会化的规范控制；组织通常主动面对环境；策略相当慎重
过程战略	战略起源于过程：领导控制战略制定的各个方面；将战略实施方面留给其他参与者；策略一部分是故意的，另一部分是涌现的
无关联战略	策略起源于聚集地：演员在自己的行动中与其余的组织松散地联系在一起；在缺乏意图或共同意图存在矛盾的情况下，战略组织涌现
共识战略	战略源于共识：通过相互调整，行动者聚集在没有中心或共同意图的情况下变得普遍的模式，战略涌现

资料来源：Mintzberg 和 Waters（1985）。

以上战略变革和战略类型的研究给管理者以启示：战略变革过程可能具备非直线流动特征（McKelvey，2013）。Mackay 和 Chia（2013）采用 NorthCo 公司的纵向案例研究构建企业战略变革的非线性模型，发现有意的行为与偶然的环境状况相互作用可能产生意想不到的后果的变化，这反过来又可能对组织的命运产生决定性的影响（McKelvey，2013），其指出机会、选择和意想不到的后果为 NorthCo 公司变革失败埋下了种子；Thietart（2016）通过分析一家大型跨国公司 42 年的战略之旅，揭示了企业战略演变背后的动力，发现战略演化在很大程度上是涌现的（Emergent）。当多种因素的相互作用形成不稳定的非线性动力时，涌现式战略形成（Garud and Vande Ven，2002）。涌现认识到一系列小变化可能会产生不成比例的后果，一个小的调整，无论是内生因素如关于融资的管理决策、是否进入或退出市场细分，还是外生因素如竞争对手的策略变化或货币汇率的波动，都可能导致意外的巨大后果（Burgelman，2002；Burgelman and Grove，2007）。

因此，组织战略变革的成功或失败不能完全归因于领导者有意做出的选择或预先存在的环境力量。恰恰相反，有意的行为与外部不断变化的环境相互作用可能产生意想不到的战略变革。

三、环境战略演化——自然资源基础观视角

资源基础观（RBV）描绘了资源、能力和竞争优势之间的关系。早在20世纪70年代初，企业能力和竞争优势之间的关系就已经被关注。Burgelman（1983）研究发现独特能力的重要性。Prahalad 和 Hamel（1990）认为企业不能聚焦于产品、市场，还应识别、管理和利用自身的核心能力。资源基础观将这一思想进一步深化，指出企业能力归因于大量资源，只有企业所拥有的资源难以被竞争者复制时，竞争优势才可持续（Stacey，1995）。Barney（1991）认为，带来企业竞争优势的资源通常是有价值和难以替代的，是稀缺的或者对企业来说是具体的（Specific），且这种资源必须是难以复制的，他们要么是隐性知识要么具有社会复杂性。图2－2梳理了资源基础观的核心观点及其代表人物。

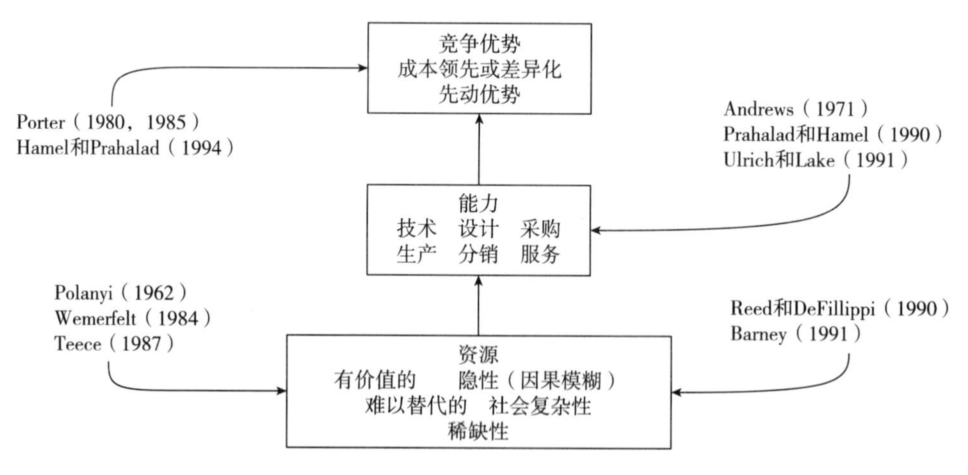

图2－2 资源基础观的核心观点及其代表人物

传统管理理论主要强调政治、经济、社会和技术层面的环境影响，忽略了自然环境对企业施加的限制，Hart（1995）提出自然资源基础论来试图弥补传统资源基础观的空白。该理论认为随着自然环境越来越恶劣，企业需要将环境纳入核心资源框架中，环境导向的资源和能力成为竞争优势的可持续来源。基于以上考虑，自然资源基础观提出由低级到高级的三种环境战略：污染防御战略、产品管理战略和可持续发展战略。污染防御战略是通过原材料替代、循环利用、流程创新等方式减少、改变或预防污染物排放；产品管理战略是指将利益相关者整合到产品设计、生产过程中，典型方法是运用产品生命周期分析（LCA）方法从产品出现到衰落全过程角度出发最小化生产过程对环境的污染；可持续发展战略则侧重于企业跨地区改善环境质量，通过跨地区扩展业务，将环保方法转移到环境相对恶劣地区，从而提高当地环境质量。其通过对三种环境战略的内涵剖析，提出自然资源基础观的理论框架，如表 2 -5 所示。

表 2 -5 自然资源基础观的理论框架

战略	行为	核心资源	资源特征	竞争优势
污染防御	最小化排污量	持续改善	隐性	更低的成本
产品管理	最小化产品生命周期	整合利益相关者	社会复杂性	差异化
可持续发展	最小化环境负担	共享视角	稀缺性	未来市场地位

随后，Hart（1995）指出污染防御战略、产品管理战略和可持续发展战略三种战略存在内部联系：一是获取一种特定资源可能依赖于已经获取的其他资源；二是获取一种既定的能力依赖于其他资源的同时存在。因此，三种战略的内部联系意味着三种战略之间的路径依赖，即更高一级的环境战略实施依赖于低级环境战略所获取的相关能力，最终导致采取低一级环境战略的企业会更容易向高一级环境战略演化，比如实施污染防御环境战略企业可能会更早追求产品管理战略。这一命题为本书的环境战略演化提供了重要理论支撑，从资源基础观的理论视角提出环境战略的演化路径存在从低级向高级的过渡。

第四节 研究述评

国外在战略演化、协同演化、复杂适应系统理论、环境战略分类、企业环境异质性响应、利益相关者对组织影响等相关方面已经有了大量的研究成果。同时，近几年国内外都有关于环境战略选择机制及其效果评估方面的研究成果，这些都为本书提供了相关的理论基础。由以上文献综述可见，国内外学者对环境战略选择、战略演化等问题已经进行了大量研究，并取得难能可贵的研究成果。这些研究聚焦于不同利益相关者压力对企业环境战略选择的影响，也有部分涉及相同制度环境中重污染企业的环境战略异质性选择。但是，通过对文献的梳理，我们发现以我国重污染企业为研究对象，对环境战略的分类与界定尚未统一，对于制度压力导致的企业环境战略异质性选择分析不足、环境战略演化路径及其动力有待挖掘，没有形成系统的制度压力下重污染企业环境战略选择及演化范式的理论框架，导致研究结果的推广性和拓展性有限。具体而言，国内外基于制度压力的重污染企业环境战略选择及演化相关研究还存在以下几个方面的不足：

（1）重污染企业环境战略的内涵与特征尚未达成共识。现阶段有关环境战略分类与界定的文献多是理论层面的归纳总结，或是环境实践的抽象概括，抑或是对成熟研究成果的援引和借鉴，对环境战略内涵界定缺乏科学性。此外，鲜有学者结合我国环境规制以及钢铁企业环境治理现状，对环境战略的内涵及特征进行研究，在一定程度上降低了特定情境下环境战略的适用性和精确度。

（2）制度同构下重污染企业的环境战略异质性响应研究有待深入。一方面，Oliver（1997）从理论上提出了组织对制度压力变化的反应，但这些被认为是“礼仪一致性”对体制刺激的反应（Borial，2007），鲜有文献研究企业对外部需求的异质性回应。另一方面，以往研究侧重于分析制度压力、企业资源类型、企业家精神等要素对企业环境战略选择的影响，现有文献虽然验证了决策者认知差异（Hambrick and Mason，1984；Weber，2014）、行为差异（Hrebiniak and Joyce，

1985)、内部资源能力的差距（巩天雷等，2008；马中东和陈莹，2010）等因素导致的企业战略选择迥异，也指出企业为了保持组织特征与外界环境的匹配而制定差异化战略（Hayes and Allinson，1998），但多基于管理者认知差异、内部环境管理能力等内部因素进行探究，基于资源特征和企业生命周期的环境战略异质性选择研究有待完善，不利于重污染企业选择环境战略时进行全面分析。

（3）针对环境战略演化路径的研究仍然处于初期阶段。现有研究主要集中在战略演化过程的定性和概念性描述，针对企业环境战略演化路径的探索在学术界寥寥无几，仅 Hart（1995）在自然资源基础观中涉及不同环境战略类型之间的路径依赖性。明确企业环境战略演化路径是提升企业绿色战略升级的关键，在制度压力的约束下，结合重污染企业的环保实践，揭示其环境战略演化的路径有待系统解析。

（4）考虑到战略演化动力的复杂性以及研究方法的局限性，这一领域的相关研究凤毛麟角。国际和国内的专家学者多关注战略演化的影响因素，以及从复杂科学视角探索战略演化的动力，针对企业在环境保护方面的战略行为，学者对企业环境战略演化动力分析鲜有涉及，因此无法深入研究企业进行环境战略发生演化的内部机理，较难对企业绿色战略转型升级提供现实指导。

本章小结

本章分别对制度理论、战略选择理论以及战略演化理论的基本内容进行了系统梳理，并基于三大理论，结合环境战略的相关研究开展文献回顾。在此基础上，对已有文献进行了评述，提出现有研究存在的不足之处，包括重污染企业环境战略的内涵与特征尚未达成共识、制度压力产生异质而非同构组织战略反应分析不足、针对环境战略演化路径及动力的研究鲜有涉及。归纳制度理论、战略选择理论以及战略演化理论等相关理论，以及国内外研究现状和发展动态，剖析现有文献的不足之处，主要在于重污染企业环境战略的内涵与特征尚未达成共识，制度压力产生异质而非同构组织战略反应分析欠缺，环境战略演化路径的研究仍然处于初期阶段，以及对重污染企业环境战略演化动力分析鲜有涉及。系统梳理现有关于环境战略的相关文献以及对这些文献不足之处的剖析，为本书的开展提供理论依据。

第三章 重污染企业环境战略类型与判别条件

对环境战略的划分以及每种战略的概念界定和判别条件分析是环境战略选择研究的重要基石，也是剖析企业环境战略异质性选择，探索环境战略演化的先决条件。因此，本章将在环境战略文献研读的基础之上，结合我国重污染企业环境治理现状，界定和归纳重污染企业不同环境战略的内涵及判别条件。

第一节 重污染企业环境战略的类型

一、环境战略类型综述

目前，学术界中关于环境战略的内涵存在模糊性和不确定性，对环境战略的划分也未形成一致认同。Sharma（2000）则对环境战略进行了更加宽泛的定义，他认为环境战略是企业管理商业与自然环境界面的模式，是企业为减弱对环境的负面影响而遵守环境规制以及自愿采取应对措施而产生的一系列行动结果。Mintzberg（1989）认为，一个组织的环境战略是指随着时间推移的行动模式，旨在管理业务与自然环境之间的界面。因此，本书认为环境战略是企业旨在减弱对自然环境的负面影响，围绕自然环境问题而形成的企业战略。

尽管已有文献中关于环境战略类型的划分有所不同，但都是企业对待环境问题从消极到积极的划分。Hunt 和 Auster（1990）基于企业对污染问题的消极或积极反应程度，将实施不同类型环境战略的企业分为五类，包括初始者、救火员、热心公民、实用主义者和前瞻者。Hart（1995）在企业自然资源基础论的文章中提出，环境战略可以划分为污染防御战略、产品管理战略和可持续发展战略。污染防御战略是通过原材料替代、循环利用、流程创新等方式减少、改变或预防污染物排放；产品管理战略是指将利益相关者整合到产品设计、生产过程中，典型方法是运用产品生命周期分析（LCA）方法从产品出现到衰落全过程的角度出发使生产过程对环境的污染最小化；可持续发展战略则侧重于企业跨地区改善环境质量，通过跨地区扩展业务，将环保方法转移到环境相对恶劣地区，从而提高当地环境质量。Buysse 和 Verbeke（2003）根据 Hart（1995）的研究，将环境战略划分为三类：反应型、污染防御型和环保领导型。Sharma 和 Vredenburg（1998）把环境战略分为反应型环境战略和前瞻型环境战略。反应型环境战略是指对环境采取被动反应的战略，而前瞻型环境战略表明企业自愿、积极地处理环境问题。Sharma（2000）在此基础上，再次将环保战略划分为两种，一种是一致性环保战略，涉及遵守法规和采用标准行业惯例（King and Lennox，2000），根据制度理论，这将是行业协会、环境非政府组织、政府监管机构、竞争对手行为和其他行业利益相关者压力的结果。另一种是自愿的环境战略，旨在公司为减少运营对环境的影响而采取的一贯行动模式，不是为了符合环境法规或符合标准做法，根据战略选择理论，这些行动将是广泛的组织和管理选择的产物。自愿战略分类涉及范围广泛的可能行动：从污染预防到栖息地保护、自愿恢复、减少使用不可持续的材料和化石燃料、增加环境友好型技术等。Henriques 和 Sadorsky（1999）对环境问题的解决方法分为四类：反应型战略、防范战略、调控策略和主动战略。Aragón－Correa 和 Sharma（2003）指出在连续性的一端，反应型战略是通过防御性游说和对末端污染控制措施的投资来响应环境法规和利益相关者压力的变化；在连续体的另一端，积极环境战略包括预测未来的规定和社会趋势，并设计或改变运营、流程和产品，以防止（而不仅仅是改善）负面的环境影响。这种战略依赖于具体和可识别的过程，如整合复杂的利益相关者能力，持续创新和改进以及高阶共享学习能力。Murillo－Luna 等（2008）提出四种环境反应模式的程度：被动反应、关注立法反应、关注利益相关方的反应和总体环境质量反应。这些环保战略类型都与环保实践类型相对应，从最不先进的方式来看，这些类型不涉及保护自然环境，或者仅限于对强制立法要求的反应到最先进的、自愿地利用环境保护创造竞争优势。国内学者薛求知和伊晟（2014）在 Sharma 和 Vredenburg（1998）的研究基础上，将环境战略细分为反应型、防御型、适应型和前瞻型。其中，实施反应型战略的企业会尽量减少在环境管理方面的投入和支出；实行防御型战略的企业会增加在环境管理方面的投资，但他们将环境事务视为威胁而不是机会；实行适应型环境战略的企业以积极的态度应对环境管理，将环境管理视为机会；实施前瞻型环境战略的企业会投入大量的资源发展绿色技术，追求企业的可持续发展。

由此可见，重污染企业环境战略的分类与内涵尚未达成共识。现阶段有关环境战略分类与界定的文献多是理论层面的归纳总结，对环境战略内涵界定缺乏科学性，开展实证研究的学者对环境战略类型以及每种类型的内涵特征理解也存在些许差异。此外，鲜有学者结合我国环境规制以及重污染企业环境治理现状，对环境战略的内涵进行研究。基于此，本书从战略实践观出发，通过梳理重污染企业社会责任报告中的环保实践，概括归纳出环境战略的分类和每种环境战略的内涵。

二、“战略即实践”观

管理具有很强的实践性，因此管理理论的实践观受到学者们广泛关注，反映在战略管理领域则是“战略即实践观”（Strategy as Practice）。战略即实践观（SAP）是一个相对新兴的研究领域（Pettigrew，1973；Mintzberg and Waters，1985），从 Whittington1996 年的文章开始至今只有 20 多年，而真正得到学术界广泛关注则是在 2003 年《管理研究学报》（*Journal of Management Studies*）的一个专题特刊的发布（Johnson et al.，2003），战略即实践观已经累积了大量理论和实证研究，并且关注度呈持续增加的态势。传统的战略研究将战略看作是组织固有的战略，如差异化战略、成本领先战略（肖建强等，2018），而战略实践学派则将战略看作是企业的管理实践，认为战略是一项现实的实践活动，比如差异化战略代表企业采取不同于其他企业难以模仿的方式做事（Johnson et al.，2007）。战略实践学派继承了战略研究的一些传统，但同时也为战略研究开拓了新的发展方向。

战略过程观的相关研究代表了社会学视角下的战略研究（Whittington，2007），作为一种制度化的社会实践，它关注的是战略行动是如何完成的，由谁来做。它强调人们在日常活动（实践）中做战略工作，以及他们使用的工具和方法（实践），实践在管理者之间共享并随着时间的推移而常规化（Vaara and Whittington，2012）。SAP 研究考察了管理者如何通过日常活动制定战略（Jarzabkowski，2005；Whittington，1996）。因此，战略是从业者做的事情，而不是组织拥有的东西（Hendry et al.，2010）。

战略即实践观的研究主要聚焦于以下三个方面（Whittington，2006；Jarzabkowski et al.，2007）：一是在事件发生的整个过程中来研究参与策略事件的活动（Brown and Duguid，2000），如董事会会议或策略撤退（Hendry and Seidl，2003）；二是研究参与策划事件的各种行为者，这些行为者不仅仅局限于管理精英甚至中层管理人员，还包括普通员工、战略人员和战略顾问等（Angwin et al.，2009；Mantere and Vaara，2008；Paroutis and Heracleous，2013）；三是战略实践观的学者还研究了企业实施策略事件的常用工具，包括战略评论等社交工具以及战略文本和谈话的不同模式等话语工具（Jarzabkowski and Kaplan，2015；Vaara and Whittington，2012）。由此看来，战略即实践观的研究已经将分析单元转移到两个方向：一是它已经下降到企业层面过程中的微观活动事件。二是它越来越关注广泛分散的做法和一般类别的从业者（如员工、顾问）的宏观层面。这些新的微观和宏观层面的分析单元刺激学者们从其他战略领域引入新的研究方法，包括话语分析（Vaara et al.，2010）、叙事分析（Fenton and Langley，2011）、社会物质性分析（Dameron et al.，2015）和视频民族志等（Gylfe et al.，2015）。

鉴于战略即实践观研究已相对成熟，对环境战略的分类和内涵从该视角进行分析总结。从战略即实践观来看，环境战略指企业在某个时间段内所实施相关环保活动的集合。因此，本书试图通过梳理 2017 年 500 家重污染行业上市公司社会责任报告中的企业环保实践，归纳企业的环保实践类型，进而对环境战略进行分类，分别为末端治理类、源头防御类和跨企业边界的协同减排类。在表 3－1 中，列举出代表性重污染企业的环保实践。

表 3-1 重污染企业典型环保实践举例

企业名称	污染末端治理	污染源头防御	跨企业边界环保
宝武集团	消除炼钢屋顶红尘和高炉放散冒黑烟；发现与消除可视化污染源；废水处理站新增脱水机改造项目等	废水回用与资源化；热交换热量循环回收技术；含铬污泥内部处置利用等	生命周期评价（LCA），集支撑绿色采购、绿色制造、绿色营销、绿色用钢解决方案于一体等
上峰水泥	实施脱硫除尘环保工程	无	无
南玻集团	无	把生产过程中的副产物全部转化为高科技产品，实现生产过程中零排放、无污染；建立余热发电项目	成功开发的高效太阳能光伏组件已经量产，其高效电池的光电转换效率达 17.5% 以上
太钢集团	原料场封闭工程；渣场动力波除尘试验	建设运行有钢渣热焖分解冷却、金属分选回收、尾渣多产品深加工等全流程综合利用生产处理线	研发绿色产品，包括硅钢产品进军新能源汽车领域；研发成功热交换器用新型不锈钢材料等
中化集团	无	垃圾渗滤液升级改造，降解大分子有机物污染物；实施焦炉煤气综合利用项目	研发绿色产品，打造绿色供应链
同力水泥	废气治理、粉尘排放、噪声控制、废水处理；完成生产线脱硝项目	开展资源综合利用工作，最大限度地利用工业废弃物	无
云南铜业	无	低浓度二氧化硫烟气综合回收利用技术产业化；渗水回水泵；尾矿回收	打造绿色矿山；号召上下游供应链、生产企业参与节能降碳联合行动
百洋医药	污水处理、粉尘过滤；废品包装按规定处理	蒸汽冷凝水回收、有机溶剂回收	无

资料来源：作者整理。

结合我国重污染企业典型环保实践以及学者关于环境战略类型的研究文献，发现我国重污染企业的环境战略类型与 Buysse 和 Verbeke（2003）的划分极为相似。此外，我们在对典型重污染企业调研时，企业环保部门的相关领导指出，部门将综合考虑政府、社区等利益相关者的环保施压、同行业环保技术成熟度、本部门的环保预算等因素，对企业环保实践是侧重末端治理还是污染预防，抑或是供应链协同减排提出合理化建议，并提交给企业战略决策者，由决策者结合企业客观条件做出战略选择，此三种环保实践与我们通过社会责任报告归纳的环保实践以及 Buysse 和 Verbeke 提出的三种环境战略相互印证。因此，本书采用反应型、污染防御型和环保领导型来刻画企业的环境战略。值得注意的是三种战略呈现递进式特征，即三种环境战略由低级向高级依次为反应型、污染防御型、环保领导型。此外，当样本企业同时出现代表不同类型环境战略的关键词时，则认为该企业实施了相对更高级别的环境战略。例如，在样本企业的社会责任报告中同时出现三种环境战略，则认为其实施了环保领导型战略。

第二节　反应型环境战略的内涵与判别条件

一、反应型环境战略的内涵

反应型环境战略侧重于末端污染控制，聚焦于污染发生后的处理，主要表现为被动接受政府等利益相关者的环保要求，环保投入最少。反应型环境战略的典型特征为被动的环境治理，体现为先污染后治理。从实践角度来讲，企业社会责任报告中出现“坚守环保合法合规底线”“污水处理服务”和“环境清理”等词语，则认为该企业实施反应型环境战略。

二、重污染企业反应型环境战略的判别条件

通过梳理实施反应型环境战略的企业相关特征，从战略目标、利益相关者响应、环保资源配置、环保组织结构、环保资格认证态度、环保认知、环境创新方式等方面归纳出企业实施反应型环境战略的判别条件。

实施反应型环境战略的企业往往具备以下两个特征：第一，企业不会将环境管理视为企业的优先事项，战略目标中也不会体现其环保目标，基于这样的战略框架考虑，企业的组织结构也较少涉及环保部门以及环保专业员工，与此同时，他们不太可能投入大量时间或资源投资于环境管理。第二，从利益相关者施压的

反应来看，采取反应型环境战略的企业只是为了尊重现行法规而被动地满足政府立法方面的合法性（Hunt and Auster，1990），环保资格认证也仅仅局限于政府要求，由于环保组织机构、社区居民、员工等利益相关者为应对环境恶劣表现而采取的行动不会对企业生存产生威胁，因此他们并不关注处于非正式制度环境中利益相关者的环保施压，在企业社会责任报告中主要体现为环保组织机构为该类企业颁发的环保资格认证少之又少。

实施反应型环境战略的企业之所以产生诸如此类的行为，主要是因为企业管理层停留在环境与经济效益相悖的环保认知层面。管理层认为提高股东价值是企业的重要使命，实施反应型环境战略的重污染企业认为积极的环境治理会加大企业的运营成本，比如环保投资、员工环保培训、环保制度的制定与维护等，这些行为会大大削弱这一目标的实现。若环境事故风险较低，企业更是无法将公司的环境响应策略与任何积极的组织效果联系起来。因此，重污染企业实施反应型环境战略，不会将其作为企业改善环境管理的机会，只会认为环境战略增加了企业成本，是企业获取竞争优势的威胁。

采取反应型环境战略的企业环境治理行为和认知决定了企业的环境创新行为。环境创新不仅是减排的重要驱动力（Carmen，2010），还可以增强企业的竞争力（Rennings et al.，2006）。然而关于环境创新的界定，学术界尚未形成一致的看法。有学者从环境创新形成角度，把环境创新看作是引入环境绩效的创新，如 Blattel - Mink（1998）指出环境创新包括新产品（环保技术）、新市场和新系统的开发以及在经济战略中引入生态思想。还有学者从环境创新产生影响的角度，把环境创新看作是旨在减少对环境不利影响的创新。通过引进新的技术、流程来减轻企业的环境负担或者实现环境的可持续发展（Mirata and Emtairah，2005）。本书所提及的环境创新是以上两种概念的融合，指企业通过研发有利于节能环保的新产品，开发新市场或新系统，从而改善对环境的不利影响，实现环境的可持续发展。从环境创新的概念出发，实施反应型环境战略的企业即使关注技术创新，也不会倾向于绿色环境创新，因为该类企业的重心往往在于提高利润而非环境保护。

基于以上分析，研究发现实施反应型环境战略的企业其环境目标不是企业当前最关注的目标之一，很难投入时间或者财务资金去实施环境保护，也不会在环境保护方面采取任何组织管理或技术措施，不计划获取任何环境保护资格证书，没有负责环境问题的部门和人员等。体现在社会责任报告中，实施反应型环境战略的典型重污染企业在环境保护方面具备如表 3 – 2 所示的特征。

表 3 – 2 实施反应型环境战略的典型重污染企业环保特征

	上峰水泥	金岭矿业	铜陵有色
环保目标	按照国家要求开展环境保护工作	严格遵守国家环境法律法规	严格落实环保责任
环保组织结构	无	无	无
环保资格认证	无	无	无
正式制度压力响应	废水废气达标排放	污染物达标排放	污染物达标排放
非正式制度压力响应	无	无	无
环境创新方式	无	无	无

资料来源：作者整理。

第三节 污染防御型环境战略的内涵与判别条件

一、污染防御型环境战略的内涵

污染防御型环境战略则更加关注生产源头的污染预防，通过原材料替代、循环利用、流程创新来减少、改变或者防治废物产生，环境战略由被动向主动过渡。从实践角度来看，社会责任报告中出现“提高能源效率”“再利用”“回收利用”“源头减少”等关键词，则认为该企业实施污染防御型环境战略。

二、重污染企业污染防御型环境战略的判别条件

通过梳理实施反应型环境战略的企业相关特征，从战略目标、利益相关者响应、环保资源配置、环保组织结构、环保资格认证态度、环保认知、环境创新方式等方面归纳出企业实施污染防御型环境战略的判别条件。

实施污染防御型环境战略的企业往往具备以下特征：首先，与采取反应型环境战略的企业有所区别，尽管采取污染防御型环境战略的企业不会将环境管理视为企业的优先事项，但他们的环境战略是企业战略的重要内容，因此在环保方面会投入一定程度的时间和资源，企业所采取的环保措施较少会涉及组织结构，但会雇用专业的环保技术人员。从利益相关者施压的反应来看，采取污染防御战略的企业更加重视监管压力，即他们使用不断变化的监管框架作为战略发展的基准并作为未来的资源分配（Henriques and Sadorsky，1999），因此实施污染防御型环境战略的企业创造了更复杂的适应性程序，通过政府监管的动态演变来分配各种环境管理领域的核心资源。其次，由于环保组织机构、社区居民、员工等利益相关者为应对环境恶劣表现而采取的行动不会对企业生存产生威胁，因此他们并不关注处于非正式制度环境中利益相关者的环保施压。

实施污染防御型环境战略的企业之所以产生诸如此类的行为，主要是因为企业管理层停留在环境与经济效益相统一的环保认知层面。在“波特假说”提出之前，多数学者认为企业追求高环境目标和竞争优势属于“鱼和熊掌不可兼得”，需要对社会收益和私人成本进行权衡，因为要想拥有较高的环境绩效，必须通过污染防御、清洁生产等措施来减少污染物排放，而这些环保行动势必会增加企业的私人成本，在一定程度上降低了企业的财务绩效。新古典经济学指出，所有企业的目标均是追求利润的最大化。因此，企业往往会选择降低环境绩效来获取财务绩效的提升。波特假说从动态视角审视环境目标和竞争优势之间的关系，认为两者不可兼得的主要原因在于学者们对技术、流程、产品的静态假设，忽略了它们的动态性，即虽然企业环保行为会增加其私人成本，但可能通过产品、工艺以及生产线优化等方式引发创新，从而部分或完全抵消环保费用，甚至可能带来财务绩效的提高。采取污染防御型环境战略的企业认可波特假说，认为积极的环境治理尽管会加大企业的运营成本，比如环保投资、员工环保培训、环保制度的制定与维护等，但同时也会提高企业声誉，激发企业创新，长期来看，企业的环境绩效和经济绩效能达到高度统一。

采取污染防御型环境战略的企业往往通过原材料替代、循环利用来减少、改变或者防治废物产生，因此本书认为实施污染防御型环境战略的企业更加侧重通过生产流程创新来减少生产过程中污染物的产生。

基于以上分析，研究发现实施污染防御型环境战略的企业其环境目标是企业当前比较关注的目标之一，其会投入一定的时间或者财务资金去实施环境保护，这会涉及环保组织机构的组建以及采取组织管理或技术措施。他们污染治理的重点在于生产流程的改进和完善，从而降低生产链上的污染排放，因此更容易进行绿色流程创新。在社会责任报告中，实施污染防御型环境战略的典型重污染企业在环境保护方面具备如表 3-3 所示的特征。

表 3-3　实施污染防御型环境战略的典型重污染企业环保特征

	同力水泥	百洋医药	河钢股份
环保目标	按照国家要求开展环境保护工作	贯彻落实国家节能环保政策	打造环保型生产的绿色钢铁循环经济产业链
环保组织结构	无	无	能源环保部
环保资格认证	河南省节能减排竞赛先进单位、河南省节能减排科技创新示范企业	无	测量管理体系认证
正式制度压力响应	响应国家号召，生产线脱硝项目投入运行，氮氧化物排放达到《水泥工业大气污染物排放标准》要求	按照 ISO14001 环境管理体系标准，规范生产流程，落实产品过程的回收利用工作	污染物排放浓度和排放总量全部达到国家和地方排放标准要求
非正式制度压力响应	无	无	无
环境创新方式	无	设计完善蒸汽冷凝水回收系统	改进焦炉上升管余热利用过程

资料来源：作者整理。

第四节　环保领导型环境战略的内涵与判别条件

一、环保领导型环境战略的内涵

环保领导型环境战略使企业扩张组织边界，通过整合外部利益相关者到产品

采购、设计、生产、销售等环节，与上下游等相关企业协同减排，最小化产品生命周期中的环境负担。从实践角度来看，社会责任报告中提及“产品生命周期分析”“供应链参与”和“逆向供应链的智能设计”等关键词，则认为该企业实施环保领导型环境战略。

二、重污染企业环保领导型环境战略的判别条件

通过梳理实施环保领导型环境战略的企业相关特征，从战略目标、利益相关者响应、环保资源配置、环保组织结构、环保资格认证态度、环保认知、环境创新方式等方面归纳出企业实施环保领导型环境战略的判别条件。

实施环保领导型环境战略的企业往往具备以下特征。第一，企业会将环境管理视为企业的优先事项，战略目标中往往会明确体现其环保目标，基于这样的战略框架考虑，企业有完善的环保部门组织架构，以及充裕的环保专业技术、管理人员。与此同时，他们投入大量时间或资源进行环境管理。第二，从利益相关者施压的反应来看，采取环保领导型环境战略的企业不仅尊重现行法规而被动地满足政府立法方面的合法性，还会同时关注环保组织机构、社区居民、员工、非政府组织（NGO）等环保利益相关者的需求，在企业社会责任报告中体现为该类企业的环保资格认证不仅来自于政府颁布，还包括环保机构或环保协会等组织颁发的环保资格认证书。

实施环保领导型环境战略的企业之所以产生诸如此类的行为，主要是因为企业管理层不局限在环境与经济效益统一的环保认知层面，还认为积极的环境战略可以为企业带来竞争优势。企业管理层认为采取积极的环境战略使利益相关者相信企业环境投资可以在将来带来竞争优势。首先，对投资者的影响，Epstein 和 Freedman（1994）指出在参与调查的投资者中，82%的人希望看到年报中的环境信息披露，对于大多数投资者来说，环境管理比增加红利更重要。这部分投资者更关注企业的可持续性，更愿意给采取环保领导型环境战略的企业注资。其次，企业采取积极的环境战略可以吸引更多环境敏感型顾客（Caroline，2013），客户越关注环境问题，对环境友好型产品和清洁技术的需求越大，企业越容易通过实施环保领导型环境战略获得客户偏好，从而提高企业竞争优势（Dibrell et al.，2011；Ricky and Lorett，2000）。因此，实施环保领导型环境战略的重污染企业会

将企业改善环境管理作为企业获取竞争优势的机会。

采取环保领导型环境战略的企业会扩张组织边界，通过整合外部利益相关者到产品采购、设计、生产、销售等环节，与上下游等相关企业协同减排。因此，研究发现实施环保领导型环境战略的企业更加侧重通过绿色产品创新为下游企业提供绿色原材料。

基于以上分析，研究发现实施环保领导型环境战略的企业其环境目标是企业当前最关注的目标之一，其会投入大量时间或者财务资金去实施环境保护，通过各个渠道获取环境保护资格证书，在环境保护方面采取合理完善的组织管理或技术措施，积极进行绿色产品创新等。表3-4列举出三家典型重污染企业在环境保护方面的主要特征。

表3-4 实施环保领导型环境战略的典型重污染企业环保特征

	南玻集团	太钢集团	中化集团
环保目标	为社会提供节能及可再生能源产品和服务	将绿色发展写入企业战略目标	打造绿色价值链
环保组织结构	安全环保部	能源环保部	中化工程集团环保有限公司
环保资格认证（荣誉）	中国环境友好企业联盟、环保诚信企业	中国钢铁企业绿色发展标杆、国家首批节水标杆	国际碳金奖、绿色建筑认证
正式制度压力响应	各项排放指标符合相关环保标准	严格遵守政府各项法律法规、政策规定	遵守政府颁布的法规、政策规定
非正式制度压力响应	开展环保公益活动	开展“公众开放日”活动、严格绿色采购	开展环保公益活动
环境创新方式	研发低辐射中空玻璃等绿色产品	节能型汽车系列用钢、海水淡化工程用钢等	流程创新、产品创新

资料来源：作者整理。

综合已有文献中环境战略的特征分析以及重污染企业社会责任报告中重污染企业在环境保护方面的情况，汇总了重污染企业在不同环境战略类型中的判别条件，如表3-5所示。

表 3-5　重污染企业不同环境战略类型判别条件汇总

判别方式	反应型	污染防御型	环保领导型
正式制度压力响应	较强	强	强
非正式制度压力响应	无	较弱	强
环保目标	满足合法性	满足合法性	优先事项
环保资源配置	少	一般	多
环保组织结构	无	有	完备
环保资格认证	政府性质	政府、机构性质	政府、机构性质
环保认知	威胁	机会	机会
环境创新方式	无	绿色流程创新	绿色产品创新

资料来源：作者整理。

本章小结

本章利用上市企业年报、社会责任报告、可持续发展报告等搜集、梳理企业的环保实践。在企业环境战略和行动一致性假设条件下，通过分析一系列相关的环保实践，同时参考已有文献的环境战略分类，将环境战略由被动到主动，由低级向高级划分为反应型、污染防御型和环保领导型，在此基础上，归纳不同环境战略的内涵，并从环境目标、为环境问题分配的时间和资源、环保组织结构、环保认知、环境创新方式等方面分析重污染企业环境战略的判别条件，为环境战略选择的实证研究提供分析基础。

第四章　基于制度压力的重污染企业环境战略选择

企业环境战略的选择受多种因素牵制，不仅受外部制度压力的制约，还受企业内部特征影响。近年来，我国环保制度呈现规制主体多元化、规制工具综合化以及规制强度加大化等特征，成为影响企业环境战略选择的决定因素。然而，我们也不难发现，面对相似的制度压力水平，企业的环境战略选择有所不同，为此，本章引入重污染企业异质性特质，从企业资源特征——组织冗余和资产专有性以及企业所处的发展阶段来回应企业环境战略选择的差异。

第一节　制度压力与重污染企业环境战略选择

越来越多的企业利益相关者开始关注环境问题方面的不法行为（如超标释放有毒物质）。例如，投资者折扣了污染企业的股价，各国政府制定了排放成本政策，消费者在购买产品和服务时考虑到公司的环境理念（Hart，1995）。对这些日益增长压力的一个可能的反应是制定环境战略，即通过处理、回收或再利用废物，寻找更清洁的能源等来减少其对环境的危害。

环境污染的负外部性导致企业环境战略选择受环境规制的约束性更强，起源于制度理论的制度压力成为影响环境战略选择的首要考量因素（Pinzone et al.，2015）。多数学者沿着“庇古税”路径，从正式规制层面展开研究。Clemens 和

Douglass（2006）提出政府颁布的环保法律法规是企业变绿的重要驱动力；Winter 和 May（2010）认为企业为获取更大的管制弹性、避免将来面对更严格的管制措施，会选择前瞻型环境战略；沈洪涛和冯杰（2012）以重污染行业上市公司为样本，实证分析了绿色金融政策对企业积极环境表现的推动作用。鉴于非正式规制的传染延续性特质使得其约束力比正式规制更为明显，部分学者尝试研究非正式规制因素对企业环境战略选择的影响。Reid 和 Toffel（2009）指出环保组织不仅有助于企业制定超出最低监管要求的环境战略，还可以通过动用自身资源，引导和协调企业采取更主动的环保实践；Bey 等（2013）利用结构方程模型验证了企业感知的消费者压力是实施积极环境战略的重要因素。综观历史文献，研究多聚焦于外部制度压力对企业前瞻型环境战略的影响，忽略了制度压力对企业实施不同环境战略的差异化作用。事实上，以企业对待环境问题的主动程度为依据，学者们将环境战略划分为不同类型（Sharma and Vredenburg，1998；薛求知、伊晟，2014），并且发现实施不同环境战略的企业对环境规制的敏感度存在显著差异（Buysse and Verbeke，2003）。基于此，我们试图深入剖析不同制度压力对企业环境战略选择的影响。

制度理论认为企业为了生存，往往与制度环境保持一致来获得合法性（DiMaggio and Powell，1983）。Oliver（1991）将这一思想引入战略领域，提出制度压力下的战略反应类型学，即企业依据感知的制度压力制定战略（Peng，2003；Dhalla and Oliver，2013）。在环境战略方面则体现为企业通过感知的环境制度压力进行战略选择。其中，制度包括正式制度和非正式制度，正式制度是指企业所遵循的政策、法律法规和规章制度以及政府监管（Spence et al.，2000）；非正式制度则体现为企业行为受地区文化、行为准则、惯例、习俗等制约（Gray et al.，1996；金永生等，2017）。

一、正式制度压力与重污染企业环境战略选择

企业感知的正式制度压力主要来源于政府出台的政策和监管措施（Worthington and Patton，2005）。两者对企业环境战略选择的影响有相似之处。首先，表现为政策和监管越严格，企业的污染物排放标准通常越高，企业需采取源头预防或回收利用等多样化的环保实践以满足政策要求（Baumol and Oates，1988；

Buysse and Verbeke，2003），与反应型环境战略相比，其更倾向于选择污染防御型或环保领导型环境战略。其次，政策和监管越严格，企业可能会支付昂贵的社会成本（Deephouse，1996），比如非法排污引发的违约成本和更为密切的环保督查；只有实施更加积极的环境战略，企业才有可能规避违规风险。此外，政策和监管进一步趋严，将会提高企业对政府环保力度的预期，倒逼企业环境战略升级。

政府政策包括为环保企业提供资金补助或差异化政策支持，可以有效激励企业选择更积极的环境战略（Williamson et al.，2006；程巧莲、田也壮，2012）。因此，随着政策压力的增加，企业越倾向于选择环保领导型战略，而选择反应型战略的概率有所降低。监管压力更多侧重于对重污染企业环境违规违法的惩罚与警示，监管压力越大，仅关注末端治理的企业越可能面临支付高额违约金的风险，企业选择反应型环境战略的概率越低；然而，政府的监管施压对企业实施更积极环境战略并未形成有效的激励机制，因此监管压力的变化对企业选择污染防御型和环保领导型战略并无显著差异（Vannoorenberghe，2012）。基于以上分析，我们提出假设：

H1a：政策压力越大，重污染企业越倾向于选择环保领导型环境战略；

H1b：监管压力越大，重污染企业越倾向于选择污染防御型环境战略。

二、非正式制度压力与重污染企业环境战略选择

非正式制度压力通常来自于其他专业组织和社会行为者为企业制定的行为和标准（Scott，2005），这些隐含的规范与合法性问题有关。组织在寻求合法性的过程中，将与同行进行比较，并尝试按照共享相同制度领域的成员中普遍存在的标准或规范行事。就环境标准和规范而言（在非正式制度环境中），非政府组织发挥了关键作用。

非正式制度压力主要表现为企业需要与社会规范保持一致（Clarkson et al.，2008）。大量研究表明，虽然社会规范不是正式制度，但它们可以通过给政府施压来影响组织战略（Lounsbury et al.，2003），而那些积极主动的社会公众对政策制定所施加的影响超乎想象。由此可见，公众压力会直接或通过政府等其他渠道间接向企业传导（郑思齐等，2013），并对企业的环境战略决策起到举足轻重

的作用。具体而言，公众可以通过报纸、网络等新闻媒体集体发声，直接给企业施压（King，2008），抑或通过向政府投诉污染、倡议环保等形式间接施压，迫使其选择积极的环境战略。更为重要的是公众投诉往往有很强的针对性，对特定企业的环境问题相对了解，企业难以通过象征性的努力来获得合法性，需采取实质性的环保措施回应（Chen，2010），这有利于倒逼企业环境战略升级。与监管压力相似，社会组织和公众重点关注企业环保合规与否，很难有效激励合规企业选择更高级的环境战略。基于此，我们提出假设：

H2：公众压力越大，重污染企业越倾向于选择污染防御型环境战略。

第二节　基于制度压力的重污染企业环境战略异质性选择

尽管企业可能面临完全相同的制度压力，如企业处于相同的行业、区域，因此受到一套环境法规的约束，但他们对外部制度压力的环境战略响应可能会因为企业异质性而不同，本书第三章从环境目标、为环境问题分配的时间和资源、环保组织结构、环保认知、环境创新方式等方面归纳出重污染企业环境战略的判别条件，从中看出企业环境战略的差异。面对类似的制度压力，不同组织采取了不同的环境战略，但为什么一些组织比另一些组织更有可能实施积极的环境战略，是什么解释了这种异质响应？

一个可能的因素在于资源的异质性，资源差异导致不同企业选择了最适合外部要求的差异化战略（Sharfman et al.，1988）。制度理论和资源基础观从不同角度对企业战略选择过程中资源的重要性进行了阐述，制度理论认为企业可以通过与利益相关者建立关系，获取有关稀缺资源投入（Baum and Oliver，1992），满足其合法性。因此，重污染企业通过创建与维护关注环境责任、环境诉讼和企业环境政策的利益相关者，可以为其塑造良好的环保形象，提高企业声誉（Huang and Chen，2015），从而使环保成为企业稀缺、有价值的资源，满足了企业的环保合法性。资源基础观（Barney et al.，2001）则指出，若企业拥有的资源胜过其竞争对手，则会产生罕见的、不可替代的、有价值且难以模仿的能力，这种能力是企业获得可持续竞争优势的重要来源，这也成为重污染企业内部资源影响企业环境战略选择、影响企业可持续竞争优势的重要支撑。因此，企业内部资源可能会调节制度压力与环境战略之间的关系。

导致重污染企业环境战略异质性选择的另一个因素可能在于企业处于不同生命周期。企业的生命周期一般可划分为初创期、成长期、成熟期和衰退期，Lewis 和 Churchill（1983）提出处于不同发展时期的企业具有不同的组织特征和能力，面临不同的首要问题和战略重点，因此即使面对相同的外部环境及变化，企业的战略决策也会有天壤之别（Greiner，1972）。这一理论被企业管理层所认可，英特尔公司总裁葛洛夫先生曾提出，当企业发展到一定阶段后，会面临一个战略转折点，企业在此时需要改变管理方式、管理制度、组织机构，如若仍采取原有战略，将难以驾驭和掌控企业。同样地，处于不同生命周期阶段的重污染企业，其所拥有的环保组织、环境管理能力、环保实践存在差异，实施的环境战略可能不同。由此可见，企业所处生命周期阶段不同，造成相似制度压力下重污染企业环境战略的异质性选择。

一、资源特征视角的重污染企业环境战略异质性选择

战略本身受制于企业资源状况的约束和依赖（Pfeffer and Salancik，1978；杨洋等，2015）。资源为企业选择适应外部环境的战略提供了空间（Sharfman et al.，1988），同时也是知识创造和组织能力的关键决定因素（Makadok and Barney，2001）。因此，内部资源可能会调节环境规制与环境战略之间的关系。具体来说，制度压力对企业环境战略选择的影响可能取决于两种内部资源差异：组织冗余和资产专有性。

1. 组织冗余对制度压力与重污染企业环境战略选择的调节效应

组织冗余（Organizational Slack）是组织理论中的核心概念，也是战略管理相关文献讨论的焦点。关于组织冗余的概念界定，不同学者持不同观点。George（2005）认为组织冗余是组织可以轻易地转移或重新部署以实现组织目标的闲置资源存量，具有缓冲企业资源短缺和选择多元化战略的潜在能力；Voss 等（2008）指出组织冗余是组织拥有的资源中超出实际所需或未被使用的资源，即

组织中存在的能够被利用的闲置资源。基于有限理性的观点，Child（1972）提出了组织冗余的“有限理性”来源观，认为决策者在不确定的环境下决策，由于理性的有限性和客观条件的限制，使企业的相关资源无论在数量维度上，还是价值维度上都存在着冗余，尤其是在非常规业务中表现得更为明显。因为，在现实世界中，由于路径依赖、因果关系的模糊性和社会环境的复杂性，管理者的决策行为尽管在主观上存在着完全理性的倾向，但客观上由于受到认知能力的限制也只是有限的理性行为（方润生、王长林，2008）。

组织理论认为，冗余是组织的一种可利用的潜在资源，它能够转化和利用以实现组织的目标，它对企业绩效的影响作用至少体现在四个方面：①作为一种诱因，支付给成员额外的报酬，以便成员留在组织系统之中；②作为组织解决冲突的一种资源；③作为一种应对环境变化的缓冲器，避免企业的核心技术受到环境变动的冲击；④作为相关组织行为的一种助推器，有利于企业许多战略行为的选择和创新活动的展开，特别是在环境动荡的时期，这种作用体现得更为明显。

根据注意力基础观，决策者的决策除了受自身注意力的影响外，还受到注意力情境的影响，即决策者会做出什么决策，还取决于他们所处的特定环境和背景。冗余资源作为评价企业内部资源的一项重要指标，也会影响到企业决策。尽管有部分文献指出冗余资源会降低企业资源配置效率，增加企业协调成本，从而降低企业的竞争优势。但是多数文献指出组织冗余是实际或潜在资源的缓冲，这使得组织能够成功地适应内部调整压力或改变政策的外部压力，并启动对外部环境的战略变革。更高的资源水平使公司有更大的灵活性，可以更好地应对外部影响（Cyert and March，1963）。组织冗余增强了组织的适应性，因为其战略选择比较丰富，与资源有限的企业相比，它能够更快更有效地应对。例如，Smith 等（1991）认为资源丰富的企业可以投资于复杂的信息系统，增强对外部影响的理解，使其能够以更及时有效的方式做出回应。因此，面临相似的环境压力，资源丰富的重污染企业更有能力确保必要的物质和人才来推出环保产品或流程。相比之下，资源较少的企业变革能力相对较弱，不会采取具有不明确利益（如更积极的环境战略）的长期举措。相反，当组织几乎不存在冗余资源时，重污染企业必须利用其稀缺的资源来应付外部环境的迫切需求。因此，管理层可能会倾向于忽视利益相关者的环境要求或以更加形式化方式对其进行回应，并不会选择更高一级的环境战略。基于以上分析，我们提出假设：

H3a：重污染企业组织冗余越多，政策压力对企业选择环保领导型环境战略的影响越大；

H3b：重污染企业组织冗余越多，监管压力对企业选择环保领导型环境战略的影响越大；

H3c：重污染企业组织冗余越多，舆论压力对企业选择环保领导型环境战略的影响越大。

2. 资产专有性对制度压力与重污染企业环境战略选择的调节效应

资产专有性（Asset Specificity）是企业资源的另一个关键特征（Williamson，1985）。依据 Williamson – Grossman – Hart 理论，资产专有性指在不牺牲其生产价值的条件下，某项资产能够被重新配置于其他替代用途或是被替代使用者重新调配使用的程度，当这项资产被重新配置或重新调配的程度越小，则其专有性越高。Williamson（1984）强调了资产专有性对交易的重要性，他认为影响交易的因素主要包括资产专用性、不确定性程度和交易频率，其中最为重要的是资产专用性。专有性投资一旦发生便很难转移到其他用途上，会被牢牢地锁定在特定形态上（Williamson，1985）。Dierickx 和 Cool（1989）指出由于企业特定资源涉及持久的专业资产投资，这些资产不能轻易从现有用途和用户中抽离出进行重新部署，除非产生重大的生产价值损失或大幅折扣。因此，对此类资产进行大量投资的企业将承担更大的风险，公司整体资产组合中公司特定资产的份额越大，违约和资产清算时的价值损失就越大（Ziedonis，2004）。

在高度污染行业，由于企业恶劣的环境绩效造成的不良声誉可能会损害其与监管者和其他利益相关者的关系。强大的利益相关者可能会强迫相关公司采用符合利益相关者期望的某些组织程序、结构或惯例（DiMaggio and Powell，1983）。以环境保护为例，近年来，随着环境污染问题日益严重，政府制定严格的环境规制、媒体对企业污染问题频繁曝光、消费者对环境问题敏感度不断提升，越来越大的外部压力要求企业对环境负责。企业管理层会通过制定前瞻型环境战略（Lyon and Maxwell，2011），提高企业声誉，并为其塑造良好的环保形象（Rongbing Huang and Danping Chen，2015），进而吸引关注环境责任、环境诉讼和企业环境政策的利益相关者。对企业投资者来说，Epstein 和 Freedman（1994）指出在参与调查的投资者中，82%的人希望看到年报中的环境保护信息，对于大多数投资者来说，环境管理比增加红利更重要；联合国全球契约（UNGC）2010年进行的一项调查显示，接受调查的766位CEO中，91%的受访者表示公司在未来五年将实施环境战略来解决企业的可持续发展问题。这部分投资者更关注企业的可持续性，更愿意给环境管理能力强的企业注资。与此同时，企业实施积极的环境战略可以吸引更多环境敏感型顾客（Caroline，2013），客户越关注环境问题，对环境友好型产品和清洁技术的需求越大，这种来自于外部的压力激励企业生产环保性能更高的产品（Dibrell et al.，2011；Ricky and Lorett，2000），选择积极的环境战略。

对于资产专有性强的企业，一旦不能满足利益相关者的环保需求，有可能以各种形式面临更高的风险（Cohen，1987；Kassinis and Vafeas，2009）。例如，对于大量投资于专有性资产的企业来说，消极环境战略造成环保敏感性客户和投资者更高的流失率，更高的法律成本和政府制裁，导致更高的破产率。因此，资产专有性强的企业应该更加适应制度压力，满足更大的合法性，才可能为企业的财务风险和资产困境提供一定程度的保护。由此看来，对于相似的制度压力，具有专有性资产的企业不遵守法规和规范所造成的成本远远大于追求前瞻型环境战略所需要支付的成本，其将更倾向于寻求积极的环境战略来应对政策、监管和舆论压力。以舍弗勒集团断供风波为例，该公司大中华区是总部坐落于上海的汽车关键零部件生产企业，尽管该企业重视环境保护，整车工厂相对清洁，全产业链的污染却被忽视。界龙拉丝是舍弗勒唯一在使用的滚针原材料供应商，界龙拉丝的污染违规导致在滚针材料资产专有性强的舍弗勒陷入困境。因此，从现实案例也可以看出，上游供应链企业遭遇环保问题，往往殃及下游企业。企业的资产专有性越强，将越倾向于选择积极的环境战略来应对政策、监管和舆论压力。基于以上分析，我们提出假设：

H4a：重污染企业资产专有性程度越高，政策压力对企业选择环保领导型环境战略的影响越大；

H4b：重污染企业资产专有性程度越高，监管压力对企业选择环保领导型环境战略的影响越大；

H4c：重污染企业资产专有性程度越高，舆论压力对企业选择环保领导型环境战略的影响越大。

二、生命周期视角的重污染企业环境战略异质性选择

不同制度压力与企业环境战略选择的关系研究来源于对制度理论的深入思考，然而制度理论重点考察战略选择背后的制度根源（Meyer and Rowan，1977；Scott，1995），强调制度压力所形成的战略趋同（Peng and Heath，1996；Dhalla and Oliver，2013），并不能很好地解释企业面对相似环境规制所产生的异质性战略响应。现有文献虽然验证了决策者认知差异（Hambrick and Mason，1984；Weber and Maye，2014）、行为差异（Hrebiniak and Joyce，1985）、内部资源能力的差距（巩天雷等，2008；马中东、陈莹，2010）等因素导致的企业战略选择迥异，也指出企业为了保持组织特征与外界环境的匹配而制定差异化战略（Hayes and Allinson，1998），但对企业发展阶段与外部制度压力相互作用造成的战略异质性鲜有涉及。企业成长理论从企业的成长而非均衡视角充分证实了企业的异质性（Penrose，1959；Cynthia，1994），企业生命周期理论又告诉我们，处于不同发展阶段的企业具有不同的组织特征和能力，面临不同的首要问题和战略重点（Lewis and Churchill，1983），即使面对相同的外部环境及变化，企业的战略决策也会有天壤之别（Greiner，1972）。因此，我们尝试回答制度压力对重污染企业环境战略的影响是如何随着企业生命周期的变化而呈现出差异化这一问题。

1. 企业生命周期

现有研究对企业生命周期阶段的划分标准尚未统一（Dodge et al.，1994）。Lewis 和 Churchill（1983）将企业发展过程分为成立期、存活期、成功期、起飞期、成熟期五个阶段，属于企业生命周期分析的开山鼻祖。他们全面分析了企业处于不同时期所具备的典型特点以及面临的具体问题。成立期，主要问题是获得客户并交付签约的产品或服务，此时的组织是一个简单组织，所有者做所有事情并直接监督下属，他们至少应具有一般的能力；存活期的企业已经证明它是一个可行的商业实体，有产品或服务充分满足和维持现有客户，关键问题在于处理收入和支出之间的关系，多数处在此阶段的企业规模和盈利能力在增长；成功期，现阶段企业面临的决定为，是否利用公司的成就、扩大或保持公司的稳定和盈利；起飞期，企业的关键问题是如何快速发展以及如何为增长融资；成熟期，公

司最关心的问题是巩固和控制快速增长带来的经济收益，之后是保持小规模的优势，包括灵活的应对措施和企业精神，公司迅速加大管理力度，以消除增长带来的低效率，并通过使用诸如预算、战略规划、目标管理和标准成本系统等工具来实现公司专业化。在此基础上，Greiner（1992）提出企业的成长和发展将依次通过初创阶段、指导阶段、分权阶段、合作阶段和协调阶段。Adizes（1989）认为企业的生命历程经历了孕育期、婴儿期、青春期、盛年期、稳定期、官僚期和死亡期。Lebrasseur 等（2003）认为新创企业在第 3 ~5 年是关键转折点，死亡率最高，同时增长率最高，因此将企业发展阶段分为创业前期（企业年龄≤5 年）和创业后期（5 年 < 企业年龄≤8 年）两个阶段。其中，较为常见的划分方法是将企业发展分为初创期、成长期、成熟期和衰退期四个阶段（王炳成，2011）。

初创期是企业成长的第一阶段，该阶段的企业缺乏成长资源和经营经验，位于合法性门槛之下，处于摸索、学习、求生存的时期。在初创期存活下来并成功进入成长期的企业大多跨过了合法性门槛，该时期企业的合法性得到认可，并拥有一定的成长资源，企业的成长速度高于行业平均成长速度（陈佳贵，1995）。经过高速成长之后，企业就进入了成熟期，成熟期企业的成长速度逐渐放缓，最终略等于行业平均水平，但这时期的企业效益最好，知名度很高，长期的发展为企业积累了丰富的资源。虽然成熟期企业拥有充足的资源和较强的能力，但易受早期成长模式的影响，形成组织惯性（杜运周、张玉利，2009），创新精神减弱，企业成长速度逐渐低于行业平均水平，最终进入衰退期。

2. 企业生命周期的调节效应

企业在不同阶段因资源和能力的不同而有不同的战略倾向（徐艳等，2011），在社会责任认知和行为方面也存在较大差异（Quinn and Cameron，1983；吴先明等，2017）。本书认为社会责任是企业实施环保领导型环境战略的重要决定因素，这是因为：一方面，企业实施环保领导型战略需要投入更多人力、财力等资源，真正将环保视为社会责任的企业，会不惜牺牲企业利润来增加环保成本（Walley and Whitehead，1994；尹珏林，2010）。另一方面，协同上下游企业节能环保是环保领导型战略的特质，承担社会责任的企业更可能以社会福利最大化为目标倒逼其他关联企业采取更积极的环境措施。鉴于上市公司多处于成长期、成熟期和衰退期，并且初创和成长期的企业均具备侧重经营绩效，相对忽视社会责任的典型特征，因此本书将企业的生命周期阶段划分为初创成长期、成熟期和衰退期。

初创成长期企业尚未形成稳定盈利，企业战略倾向于扩大规模，抢占市场份额（吴先明等，2017），社会责任仅仅止步于经济和法律层面的履责（杨艳等，2014），这一时期的企业倾向于选择反应型战略。随着政府排污标准的收紧，民众对环境质量要求的提升，企业实施反应型战略面临环保违法风险，开始考虑选择污染防御型和环保领导型环境战略。然而，由于企业的战略重心在规模扩张和盈利，随着制度压力的不断增加，企业实施污染防御型战略往往可以满足环保要求，高昂的环保成本会使企业对环保领导型环境战略望而却步，这主要归因于边际成本递增原理，当环保投入达到一定限值后，继续增加投入将导致边际成本递增；此外，企业可能面临排污标准进一步收紧等规制措施所引发的固定投资变为沉没成本的风险，选择环保领导型环境战略动力不足。因此，制度压力越大，初创成长期企业越倾向于实施污染防御型环境战略。

成熟期企业发展平稳，资金充足，研发和网络能力通常属于行业的佼佼者，并且在市场中已树立起良好声誉，有较强的社会责任意识，常以国家主人翁的姿态推动社会进步（周员凡，2010）。随着制度压力的增强，一方面，企业预期政府会出台更高要求的环保标准，开展环保工作时，不仅满足现有标准，而且追求超低标准排放，充分利用自身稳定的资金流、先进的研发能力以及广泛的网络关系，在采购、研发、生产、物流、销售等各环节考虑如何降低污染物排放，从而涉及绿色采购、绿色销售以及与利益相关者合作进行绿色研发等方方面面的绿色行为，环保领导型环境战略更易形成；另一方面，成熟期企业的社会责任意识驱使其跨企业边界，主动给利益相关方施压以协同环保。基于此，随着制度压力的增强，相比处于生命周期其他阶段的企业，成熟期企业更倾向于实施环保领导型环境战略。

衰退期企业利润、销售收入下降，产品逐步走向老化，此时企业的战略重点为转型与革新（杨艳等，2014），社会责任意识削弱，慈善、环保方面的投入降低。因此，与处于初创成长期的企业相似，制度压力越大，衰退期企业越倾向于实施污染防御型环境战略。为此，我们提出以下假设：

H5a：政策压力越大，初创成长期重污染企业越倾向于选择污染防御型环境战略；

H5b：监管压力越大，初创成长期重污染企业越倾向于选择污染防御型环境战略；

H5c：公众压力越大，初创成长期重污染企业越倾向于选择污染防御型环境战略；

H6a：政策压力越大，成熟期重污染企业越倾向于选择环保领导型环境战略；

H6b：监管压力越大，成熟期重污染企业越倾向于选择环保领导型环境战略；

H6c：公众压力越大，成熟期重污染企业越倾向于选择环保领导型环境战略；

H7a：政策压力越大，衰退期重污染企业越倾向于选择污染防御型环境战略；

H7b：监管压力越大，衰退期重污染企业越倾向于选择污染防御型环境战略；

H7c：公众压力越大，衰退期重污染企业越倾向于选择污染防御型环境战略。

第三节　研究模型与假设汇总

研究的理论模型是结合已有文献与研究问题而进行的构建。概念模型用来厘清制度压力、环境战略、资源特征以及企业生命周期之间的关系。

基于制度理论、战略选择理论、资源基础观、企业生命周期等相关理论文献，本书提出了正式制度压力（政策压力和监管压力）与非正式制度压力（公众压力）与重污染企业环境战略之间的作用关系，然后分别从资源特征和企业生命周期视角分析组织冗余、资产专有性以及企业不同发展阶段（初创成长期、成熟期、衰退期）对制度压力和环境战略关系的调节效应（见图4－1），以试图解释静态视角下重污染企业如何做出环境战略选择。

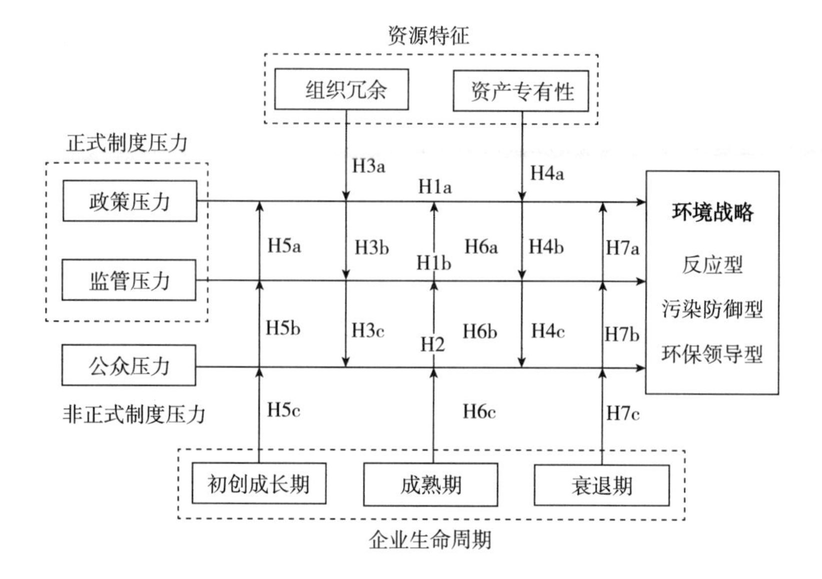

图 4-1　概念模型

围绕研究问题以及概念模型中核心变量之间的关系，本书共形成 7 大研究假设，18 个子假设，如表 4-1 所示。

表 4-1　本书提出的所有假设

编号	假设内容
H1a	政策压力越大，重污染企业越倾向于选择环保领导型环境战略
H1b	监管压力越大，重污染企业越倾向于选择污染防御型环境战略
H2	公众压力越大，重污染企业越倾向于选择污染防御型环境战略
H3a	重污染企业组织冗余越多，政策压力对企业选择环保领导型环境战略的影响越大
H3b	重污染企业组织冗余越多，监管压力对企业选择环保领导型环境战略的影响越大
H3c	重污染企业组织冗余越多，舆论压力对企业选择环保领导型环境战略的影响越大
H4a	重污染企业资产专有性程度越高，政策压力对企业选择环保领导型环境战略的影响越大
H4b	重污染企业资产专有性程度越高，监管压力对企业选择环保领导型环境战略的影响越大
H4c	重污染企业资产专有性程度越高，舆论压力对企业选择环保领导型环境战略的影响越大
H5a	政策压力越大，初创成长期重污染企业越倾向于选择污染防御型环境战略
H5b	监管压力越大，初创成长期重污染企业越倾向于选择污染防御型环境战略
H5c	公众压力越大，初创成长期重污染企业越倾向于选择污染防御型环境战略

续表

编号	假设内容
H6a	政策压力越大，成熟期重污染企业越倾向于选择环保领导型环境战略
H6b	监管压力越大，成熟期重污染企业越倾向于选择环保领导型环境战略
H6c	公众压力越大，成熟期重污染企业越倾向于选择环保领导型环境战略
H7a	政策压力越大，衰退期重污染企业越倾向于选择污染防御型环境战略
H7b	监管压力越大，衰退期重污染企业越倾向于选择污染防御型环境战略
H7c	公众压力越大，衰退期重污染企业越倾向于选择污染防御型环境战略

资料来源：作者整理。

其中，假设1（H1a、H1b）研究控制其他影响环境战略的因素之后，正式制度压力对重污染企业环境战略的作用；假设2则侧重于非正式制度压力对重污染企业环境战略的影响；假设3（H3a、H3b、H3c）试图研究组织冗余对制度压力和重污染企业环境战略之间关系的调节效应；假设4（H4a、H4b、H4c）用以解释资产专有性对制度压力和环境战略之间关系的调节效应；假设5（H5a、H5b、H5c）研究处于初创成长期的重污染企业对不同制度压力的环境战略响应的差异；假设6（H6a、H6b、H6c）用来阐述成熟期重污染企业对制度压力和环境战略选择之间关系的调节效应；假设7（H7a、H7b、H7c）解释处于衰退期重污染企业，其对制度压力和环境战略选择之间关系的调节效应。

第四节　研究设计

一、研究方法

1. 离散选择模型和Logit模型

由以上的假设可以看出，被解释变量环境战略选择是离散的，而非连续的。这类模型被称为离散选择模型或定性反应模型。离散选择模型可以分为两大类：一类是被解释变量的二值选择，如被解释变量选择为考研或不考研、就业或待业、买房或不买房等；另一类是多值选择，如对不同交通方式的选择、对不同职业的选择等（陈强，2014）。

对于被解释变量，有时只能取非负整数。比如企业在某段时间内获得的专利数、某人在一定时间内去医院看病的次数、某省在一年内发生煤矿事故的次数。这类数据被称为“计数数据”，其解释变量也是离散的。考虑到离散被解释变量的特点，通常不宜用 OLS 进行回归。因为线性回归模型的一个局限性是要求因变量是定量变量（定距变量、定比变量）而不能是定性变量（定序变量、定类变量）。但是在许多实际问题中，经常出现因变量是定性变量（分类变量）的情况。这种情况通常采用 Logit 模型。Logit 模型（Logit Model），也译作“评定模型”“分类评定模型”，又作逻辑回归（Logistic Regression），是离散选择法模型之一，Logit 模型是最早的离散选择模型，也是目前应用最广的模型，是社会学、生物统计学、临床、数量心理学、计量经济学、市场营销等统计实证分析的常用方法。

Logit 模型应用广泛的原因主要是其概率表达式的显性特点，模型的求解速度快，应用方便。当模型选择集没有发生变化，而仅是当各变量的水平发生变化时（如出行时间发生变化），可以方便地求解各选择枝在新环境下的各选择枝的被选概率。根据 Logit 模型的 IIA 特性，选择枝的减少或者增加不影响其他各选择之间被选概率比值的大小，因此可以直接将需要去掉的选择枝从模型中去掉，也可将新加入的选择枝添加到模型中直接用于预测。

Logit 模型的优点是：

（1）模型考察了对两种货币危机定义情况下发生货币危机的可能性，即利率调整引起的汇率大幅度贬值和货币的贬值幅度超过了以往的水平的情形，而以往的模型只考虑一种情况。

（2）该模型不仅可以在样本内进行预测，还可以对样本外的数据进行预测。

（3）模型可以对预测的结果进行比较和检验，克服了以往模型只能解释货币危机的局限。

2. 多项 Logit 模型

在本书中，重污染环境战略划分为反应型、污染防御型和环保领导型三类，因此此处将着重介绍多值选择模型，即多项 Logit 模型。

假设可供个体选择的方案为 $y=1, 2, \cdots, J$，其中 J 为正整数。

使用随机效用法，假设个体 i 选择方案 j 所能带来的随机效用为：

$$U_{ij}=x'_i\beta_j+\varepsilon_{ij} \quad (i=1, 2, \cdots, n; j=1, 2, \cdots, J) \tag{4-1}$$

其中，解释变量 x'_i 只随个体 i 而变，不随选择方案 j 而变。系数 β_j 表明，x'_i 对随机效用 U_{ij} 的作用取决于方案 j。这时，个体 i 选择方案 j，当且仅当方案 j 所能带来的效用高于其他所有方案时，故个体 i 选择方案 j 的概率可写成：

$$\begin{aligned} P(y_i=j \mid x_i) &= P(U_{ij}\geqslant U_{ik}, \ \forall k\neq j) \\ &= P(U_{ik}-U_{ij}\leqslant 0, \ \forall k\neq j) \\ &= P(\varepsilon_{ik}-\varepsilon_{ij}\leqslant x'_i\beta_j-x'_i\beta_k, \ \forall k\neq j) \end{aligned} \tag{4-2}$$

假设 $\{\varepsilon_{ij}\}$ 为 iid 且服从 I 型极值分布，则可证明：

$$P(y_i=j \mid x_i)=\frac{\exp(x'_i\beta_j)}{\sum_{k=1}^{J}\exp(x'_i\beta_j)} \tag{4-3}$$

显然，选择各项方案的概率值和为 1，即 $\sum_{k=1}^{J}\exp(x'_i\beta_j)=1$。方程（4－3）二值选择 Logit 向多值选择模型的自然推广。需要注意的是，无法同时识别所有的系数 β_k，$k=1, 2, \cdots, J$。这是因为如果将 β_k 变为 $\beta_k^*=\beta_k+\alpha$（α 为某常数向量），完全不会影响模型的拟合。为此，通常将某方案作为参照方案，令其相应系数 $\beta_1=0$。由此个体 i 选择方案 j 的概率为：

$$P(y_i=j \mid x_i)=\begin{cases} \dfrac{1}{1+\sum_{k=2}^{J}\exp(x'_i\beta_j)} & (j=1) \\ \dfrac{\exp(x'_i\beta_j)}{1+\sum_{k=2}^{J}\exp(x'_i\beta_j)} & (j=2,\cdots,J) \end{cases} \tag{4-4}$$

其中，“$j=1$”所对应的方案为参照方案。方程（4－4）称为“多项 Logit”（Multinomial Logit），可用 MLE 进行估计。

二、样本选择与数据来源

基于环保部发布的《上市公司环境信息披露指南》（征求意见稿）中对重污

染行业的界定与分类[①]，从国泰安数据库中按照行业分类筛选出640家重污染行业企业。由于数据库中存在数据缺失、异常值等问题（聂辉华等，2012），因此在构建模型之前，我们对数据存在的问题进行了相应处理：①手动删除了在2015年标记为ST的公司；②通过企业年报等渠道补充了数据库中企业固定资产、资产收益率、上市时间等核心指标缺失或为0的观测值，并将通过以上渠道仍不可获取的数据删除。最终选出597家企业，其分布特征如表4－2所示。

表4－2 企业分布特征

变量	分类	样本量	占比（%）
环境战略	反应型	259	43.38
	污染防御型	299	50.08
	环保领导型	39	6.53
企业规模	资产总额低于10亿元	99	7.37
	资产总额在10亿~100亿元	44	64.15
	资产总额高于100亿元	170	28.48
所有制形式	国有企业	89	14.91
	非国有企业	508	85.09
行业类型（主要行业）	电力、热力生产和供应业	58	9.72
	化学原料及化学制品制造业	148	24.79
	医药制造业	118	19.77
	有色金属冶炼及压延加工业	47	7.87
	非金属矿物制品业	62	10.39
所处阶段	初创成长期	225	37.69
	成熟期	180	30.15
	衰退期	192	32.16

资料来源：作者整理。

① 2010年9月14日，环保部公布的《上市公司环境信息披露指南》（征求意见稿）：火电、钢铁、水泥、电解铝、煤炭、冶金、化工、石化、建材、造纸、酿造、制药、发酵、纺织、制革和采矿业16类行业为重污染行业。此16类行业的所有企业被称为重污染企业。

三、变量测量

被解释变量：环境战略（*EnvStr*），借鉴 Lin（2012）提出的环境战略测度方法，对上市公司社会责任报告中环保相关的内容进行分析和编码：当报告中出现“浪费能源”“污水处理服务”和“环境清理”等关键词时，意味着企业实施反应型环境战略（*ReaStr*），将该企业的环境战略编码为1；当报告中出现“提高能源效率”“再利用”“回收利用”“源头减少”等词时，表明企业正在采用污染防御型环境战略（*PreStr*），编码为2；当报告中提及“产品生命周期分析”“供应链参与”和“逆向供应链的智能设计”等关键词时，意味着企业实施环保领导型环境战略（*LeaStr*），编码为3。值得注意的是，当样本企业同时出现代表不同类型环境战略的关键词时，则认为该企业实施了相对更高级别的环境战略（如样本企业的社会责任报告中同时出现三种环境战略，则认为其实施了环保领导型战略）。此外，个别企业未发布社会责任报告，我们则对其官网进行搜索，筛选出环保相关的资料进行编码，编码遵循上述原则。为了降低人为编码过程中的主观偏差，采用双人双盲方式（Double - Blind）编码，最终两次编码的匹配度高达92.8%，表明信度（Inter - Reliability Rate）相对较高。

解释变量：政策压力（*Poli*），不同学者采用不同的测度方法来测量政策压力。王书斌和徐盈之（2015）用各省份地方政府颁布的环境行政规章数表示。徐建中等（2017）围绕样本企业所在地区颁布的规章制度、环保标准、税收补贴、环保宣传等核心指标设计量表来测度企业面临的规制压力。借鉴王书斌和徐盈之（2015）的研究，采用地方政府颁布的环境行政规章数表示，这一指标在《中国环境年鉴》中被披露。考虑到单一年份各个省份地方政府所颁发的规章数量不能较好地代表企业所感知的政策压力，研究时间点前期所颁发的行政规章也会给当前的企业带来压力。因此，我们将 2013 ~ 2015 年颁布的规章数取均值以代表 2015 年的政策压力。

监管压力（*Reg*）：Berrone（2013）的研究中采用受监管实体检查次数测度监管压力，前提假设是受监管实体的检查次数较多省份的公司面临的监管压力比那些受监管实体检查次数较少省份公司面临的监管压力大。吉利和苏朦（2016）使用样本企业受到国家重点监控的类别数衡量其面临的监管压力。考虑到数据的准确性和可获得性，借鉴 Berrone（2013）的测度方法，使用地方政府行政处罚案件数作为监管压力的代理变量，这一指标数据通过《中国环境年鉴》获取。同样地，2015 年监管压力的变量测度值以 2013 ~2015 年监察数的均值表示。

公众压力（*Peo*）：Dasgupta 和 Wheeler（1997）对中国问题进行研究时，采用公众对当地问题的投诉信件书来代表公众对环境保护的关注度，认为电话、网络投诉数多的地区，企业面临的公众压力水平相对较高。Clarkson 等（2008）和沈洪涛等（2012）在考察舆论监督对企业环境行为的影响时，采用媒体的相关环境报道作为舆论监督的代理变量。本书认为，媒体报道更加侧重企业面临的舆论压力，多数公众对环境污染等问题的态度和观点并未能通过媒体渠道所体现，因此借鉴 Dasgupta 和 Wheeler（1997）的研究，采用公众对环境问题投诉信息数来代表公众压力，这一指标数据来自于《中国环境年鉴》。同样地，2015 年公众压力的变量测度值以 2013 ~2015 年公众投诉数的均值表示。

调节变量包括组织冗余、资产专有性和企业生命周期。

组织冗余（*Slack*）：根据已有文献（Fleming and Bromiley，2003），我们选取流动资金与销售之间的比率作为组织冗余的代理变量，该比率反映企业不受约束的冗余资源，比如多余的营运资本。流动资金与销售之间的比率越高，意味着企业满足即时资源需求的能力越强。该数据来自于国泰安数据库。

资产专有性（*Speci*）：资产专有性这一变量的数据通常通过问卷调查获得。考虑到企业对生产工厂和机器设备的投资通常很大，而这些资产又不容易重新部署，因此我们借鉴 Berrone（2013）的研究，采用公司机械设备账面价值与员工人数比率的对数作为资产专有性的代理变量。

企业生命周期（*Stage*）：衡量企业成长的指标比较多，已有文献主要使用销售收入、资产、市场份额和员工人数等来测量企业成长（Weinzimmer et al.，1998；钱锡红等，2009），这些指标中销售收入、员工人数被使用的次数最多（杜传忠、郭树龙，2012）。Delmar 等（2003）使用员工人数的变化来衡量企业成长，员工人数不仅在各个行业、地区的企业中具有可比性，而且更能反映出组织的复杂性。李业将样本公司上市后历年的销售收入绘成趋势图与李业的典型企业生命周期形态及四种其他形态比较，先从整体上观察比较得出样本公司属于哪种形态，再根据并购当年销售收入较其前后年度的变化趋势确定企业处于何种生命周期阶段：①若处于明显的上升趋势，则将企业划入成长期；②若处于明显的下降趋势，则将企业划入衰退期；③若处于变化不明显或呈平坦趋势，则将企业划入成熟期。本书借鉴黄宏斌等（2016）的做法，采用现金流组合法对企业生命周期进行划分。各个阶段的现金流分布特征如表4－3所示。

表4－3 企业生命周期不同阶段的现金流分布特征

现金流	成长期	成长期	成熟期	衰退期	衰退期	衰退期	衰退期	衰退期
经营现金流净额	−	+	+	+	+	−	−	−
投资现金流净额	−	−	−	+	+	−	+	+
融资现金流净额	+	+	−	+	−	−	+	−

此外，为了剔除其他因素对回归模型和数据分析的影响，根据以往研究文献，我们从企业和高管两个层面对环境战略的影响因素进行了控制。其中企业层面的因素包括：①企业规模（*Size*），企业规模在一定程度上代表了企业支持新产品开发的能力（Lee and Chen，2009）。一些学者认为规模大的企业会积累更多的资源，因而能够更好地实施积极战略，企业规模决定了企业所能控制资源的丰裕程度，大企业往往可以获得比中小企业更多的资源。因此，选取企业资产总额的对数来作为企业规模的代理变量。②所属行业类型（*Indu*），不同行业之间的创新绩效存在显著差异（Graves，1990）。Hemmert（2004）选取高技术产业中的医药行业和半导体行业，对技术创新投入与产出绩效的关系进行线性回归，发现两个行业的技术创新投入对产出绩效的影响不同，医药行业从研发机构获取的非R&D资源对创新绩效影响较大，而半导体行业从其他公司获取的非R&D资源对产出绩效影响较大。③上市时间（*Time*），用2015年与企业上市年份的差值计算所得。④财务绩效（*ROA*），关于财务绩效的测量，国内外研究相对成熟，主要指标有托宾－Q值、总资产报酬率（*ROA*）、净资产报酬率（*ROE*）等。我们采用*ROA*来作为财务绩效的代理变量。大量研究表明，董事长在企业中拥有更多的决策权，因此高管层面的因素包括董事长年龄（*Age*）和教育程度（*Educ*）。表4－4对相关变量进行了说明。

表 4-4 相关变量测度说明

变量类别	变量名称	变量符号	变量测度
被解释变量	环境战略	*EnvStr*	根据上市公司社会责任报告中的环保实践进行编码
解释变量	政策压力	*Poli*	地方政府颁布的环境行政规章数
	监管压力	*Reg*	地方政府行政处罚案件数
	公众压力	*Peo*	公众对环境问题投诉信息数
调节变量	组织冗余	*Slack*	流动资金与销售之间的比率
	资产专有性	*Speci*	公司固定资产额与员工人数比率
	企业生命周期	*Stage*	采用现金流组合法对企业生命周期进行划分
控制变量	企业规模	*Size*	公司资产总额的对数
	财务绩效	*ROA*	公司的资产回报率/资产收益率
	董事长年龄	*Age*	董事长实际年龄
	教育程度	*Educ*	包括初中及以下、高中、大学、研究生

资料来源：作者整理。

第五节 研究结果分析

一、描述性统计与相关性分析

为去除离群值对回归结果的影响，所有连续变量进行了 Winsor1% 处理。表4-5和表4-6 分别汇报了去除行业之外主要变量的描述性统计和相关性分析结果。

表 4-5 关键变量的描述性统计

变量	均值	标准差	最大值	最小值
EnvStr	1.63	0.60	3	1
Poli	1.52	1.64	9.33	0
Reg	9.05	5.55	27.02	0.991
Peo	54.75	92.89	443.27	2.287

续表

变量	均值	标准差	最大值	最小值
Slack	0.038	0.705	8.58	-10.32
Speci	11.32	3.13	16.57	0
Stage	2.80	0.738	4	2
Size	22.42	1.36	27.04	18.19
ROA	0.03	0.09	0.392	-0.884
Time	17.54	4.64	25	4
Age	53.51	6.84	75	29
Educ	3.50	0.94	6	1

由表4-5可知，政府政策压力和公众压力存在共同特征，即平均值较低，而标准差相对较高。2015年平均每个地区的法律法规政策出台数量只有1.52，标准差为1.64；公众对环境问题投诉信息的均值为54.75，标准差却高达92.89，并且公众投诉最高水平高达443.27。这些数据表明各地区政策压力和公众压力水平上存在较大的差异性，并且平均水平较低。与此不同的是，政府制度压力、资产专有性、重污染企业环境战略的标准差低于均值。以制度压力为例，2015年平均每个地区每千个受监管实体检查次数的平均值为9.05，标准差达到5.55。另外，在样本企业中，多数重污染企业处于成熟期，因为*Stage*的均值达到2.8。

表4-6　关键变量的相关性分析

变量	1	2	3	4	5	6	7	8	9	10	11	12
EnvStr	1.00	—	—	—	—	—	—	—	—	—	—	—
Poli	0.22***	1.00	—	—	—	—	—	—	—	—	—	—
Reg	0.04	0.2***	1.00	—	—	—	—	—	—	—	—	—
Peo	0.02	-0.12***	-0.30	1.00	—	—	—	—	—	—	—	—
Slack	0.02	-0.01	0.02	0.07	1.00	—	—	—	—	—	—	—
Speci	0.15***	-0.01	0.03	-0.01	0.02	1.00	—	—	—	—	—	—
Stage	-0.09**	-0.02	-0.07*	0.07	-0.01	-0.10**	1.00	—	—	—	—	—
Size	0.04	-0.05	-0.02	0.07*	-0.04	0.07*	0.09**	1.00	—	—	—	—
ROA	0.03	-0.07*	-0.12**	0.05	-0.02	0.07*	0.01	0.07	1.00	—	—	—

续表

变量	1	2	3	4	5	6	7	8	9	10	11	12
Time	0.01	-0.04	-0.06	-0.04	-0.04	-0.10**	0.29***	-0.02	-0.05	1.00	—	—
Age	-0.03	0.06	0.04	0.10**	0.10**	0.06	-0.07*	-0.05	0.03	-0.2*	1.00	—
Educ	0.14***	0.03	-0.03	0.11**	0.000	0.04	-0.02	0.04	-0.08*	0.11**	-0.2**	1.00

注：*表示 $p<0.1$，**表示 $p<0.05$，***表示 $p<0.01$。

由表4-6可知，政策压力与环境战略之间的相关系数为0.22，存在正相关关系，而监管压力、公众压力与环境战略间的相关性不显著，初步说明H1和H2的合理性。各解释变量间的相关系数均小于0.8，未存在严重的多重共线性。此外，由于调节变量和解释变量的交互项与它们容易出现多重共线性，因此在模型估计之前，需要对调节变量组织冗余、资产专有性、企业生命周期所处阶段及解释变量政策压力、监管压力、公众压力进行中心化，再引入其交互项。这一处理可以令变量同它们的交互项之间的相关系数接近0（Aiken and West，1991）。

二、制度压力与重污染企业环境战略关系的回归结果分析

考虑到被解释变量为环境战略类型，属于有序多分类变量，因此我们采用多项Logit模型估计。模型检验通过Stata 12.0完成，样本总体的制度压力与环境战略关系的多项Logit模型回归结果如表4-7所示。

表4-7　制度压力与企业环境战略

解释变量	被解释变量							
	M1		M2		M3		M4	
	ReaStr	*LeaStr*	*ReaStr*	*LeaStr*	*ReaStr*	*LeaStr*	*ReaStr*	*LeaStr*
Poli	—	—	-0.28*** (-3.78)	0.21** (2.19)	-0.26*** (-3.48)	0.214** (2.19)	-0.288*** (-3.69)	0.221** (2.25)
Reg	—	—	—	—	-0.017 (-0.90)	0.007 (0.22)	-0.0438** (-2.11)	0.0113 (0.30)

续表

解释变量	被解释变量							
	M1		M2		M3		M4	
	ReaStr	*LeaStr*	*ReaStr*	*LeaStr*	*ReaStr*	*LeaStr*	*ReaStr*	*LeaStr*
Peo	—	—	—	—	—	—	-0.007*** (-3.55)	0.001 (0.47)
Size	-0.136* (-1.78)	-0.0849 (-0.53)	-0.16** (-2.05)	-0.074 (-0.46)	-0.16** (-2.05)	-0.074 (-0.46)	-0.140 (-1.73)	-0.102 (-0.65)
ROA	0.872 (0.72)	2.706 (0.98)	0.525 (0.42)	3.102 (1.15)	0.468 (0.37)	3.158 (1.16)	-0.0641 (-0.28)	0.0479 (1.08)
Time	0.00278 (0.15)	0.0784** (2.03)	-0.001 (0.05)	0.08** (1.96)	-0.002 (-0.01)	0.078** (1.97)	0.00614 (0.39)	0.0192 (0.59)
Age	0.00264 (0.39)	0.0209 (0.66)	0.002 (0.01)	0.029 (0.87)	0.001 (0.06)	0.0274 (0.82)	-0.154 (-1.31)	0.554** (2.16)
Educ	-0.181 (-1.61)	0.517** (2.03)	-0.194* (-1.69)	0.56** (2.13)	-1.96* (-1.70)	0.557** (2.13)	-0.153*** (-4.36)	-0.106 (-1.63)
Indu	-0.136*** (-4.08)	-0.102 (-1.60)	-0.14*** (-4.17)	-0.10 (-1.54)	-0.14*** (-4.21)	-0.10 (-1.53)	5.319** (2.42)	-3.784 (-0.90)
Cons	4.134** (2.04)	-3.703 (-0.87)	5.301** (2.52)	-4.962 (-1.2)	5.44*** (2.58)	-5.01 (-1.16)	-0.288*** (-3.69)	0.221** (2.25)
观测值	597		597		597		597	
LR chi^2	37.14		62.21		64.19		37.89	
Prob > chi^2	0.0002		0.0000		0.0000		0.0040	
Pseudo R^2	0.1011		0.1424		0.1610		0.1050	

注：基准组为污染防御型环境战略；括号内为 Z 值；* 表示 $p<0.1$，** 表示 $p<0.05$，*** 表示 $p<0.01$。

模型 M1 到 M4 依次加入解释变量政策压力、监管压力和公众压力，LR chi^2 值可以看出模型拟合效果越来越好。从模型 M4 的估计结果可以看出，政策压力对企业选择反应型环境战略的影响显著为负（$\beta=-0.288$，$p<0.01$），对企业选择环保领导型战略的影响显著为正（$\beta=0.221$，$p<0.05$），表明对于重污染企业来说，随着政策压力的逐渐增强，企业越不倾向于选择反应型战略；相反，企业选择环保领导型战略的概率增加，H1a 得到验证。结果说明，政策压力越

大，企业选择的环境战略越积极。监管压力对企业选择反应型环境战略的影响显著为负（$\beta = -0.0438$，$p < 0.05$），对企业选择环保领导型战略的影响不显著，则说明政府加强监管压力，企业会倾向于选择污染防御型或环保领导型战略，这一结果与 H1b 相互印证。公众压力对企业选择反应型环境战略的影响显著为负（$\beta = -0.007$，$p < 0.01$），对企业选择环保领导型战略的影响不显著，说明公众给企业施加的压力越大，企业越倾向于选择污染防御型或环保领导型战略，实证结果印证了 H2。

三、组织冗余的调节效应分析

被解释变量环境战略类型，属有序多分类变量，调节变量组织冗余为连续变量，因此组织冗余的调节效应分析将采用多项 Logit 模型进行估计。组织冗余调节效应的多项 Logit 模型回归结果如表 4－8 所示。

表 4－8　组织冗余对重污染企业环境战略异质性响应

解释变量	被解释变量					
	M5		M6		M7	
	ReaStr	*LeaStr*	*ReaStr*	*LeaStr*	*ReaStr*	*LeaStr*
Poli	−0.00167 (−0.21)	0.0153 (0.92)	−0.6*** (−3.48)	0.24** (2.19)	−0.2*** (−3.69)	0.221** (2.25)
Reg	−0.085*** (−3.47)	0.0247 (0.74)	−0.017 (−0.90)	0.007 (0.22)	−0.04** (−2.11)	0.0113 (0.30)
Peo	−0.004* (−2.46)	−0.00057 (−0.29)	−0.007*** (−3.56)	0.00121* (2.59)	−0.07*** (−3.55)	0.001 (0.47)
Slack	−0.0881 (−0.52)	1.001 (1.50)	−0.05 (−1.43)	1.062 (1.50)	−0.15 (−1.83)	1.117 (1.32)
Poli × Slack	−0.00725* (−2.44)	0.0676* (2.55)	—	—	—	—
Reg × Slack	—	—	−0.065** (−2.94)	0.17* (2.12)	—	—
Peo × Slack	—	—	—	—	−0.00003 (−0.05)	0.00151 (1.36)
Size	−0.171* (−2.01)	−0.05 (−0.29)	−0.16** (−2.05)	−0.074 (−0.46)	−0.140 (−1.73)	−0.102 (−0.65)

续表

解释变量	被解释变量					
	M5		M6		M7	
	ReaStr	*LeaStr*	*ReaStr*	*LeaStr*	*ReaStr*	*LeaStr*
ROA	0.801 (0.53)	1.527 (0.49)	0.468 (0.37)	3.158 (1.16)	−0.0641 (−0.28)	0.0479 (1.08)
Time	0.0792 (0.26)	0.08** (1.96)	−0.002 (−0.01)	0.078* (1.97)	0.00614 (0.39)	0.0192 (0.59)
Age	0.0130 (0.81)	0.00663 (0.21)	0.001 (0.06)	0.0274 (0.82)	−0.154 (−1.31)	0.554** (2.16)
Educ	−0.191 (−1.62)	0.555* (2.16)	−1.96* (−1.70)	0.557** (2.13)	−0.13*** (−4.36)	−0.106 (−1.63)
Indu	−0.141*** (−4.06)	0.116* (1.79)	−0.4*** (−4.21)	−0.10 (−1.53)	5.319** (2.42)	−3.784 (−0.90)
Cons	4.942* (2.31)	−2.824 (−0.66)	5.44*** (2.58)	−5.01 (−1.16)	−0.8*** (−3.69)	0.221** (2.25)
观测值	586		586		586	
LR chi^2	62.21		64.19		92.63	
Prob > chi^2	0.0000		0.0000		0.0040	
Pseudo R^2	0.1149		0.1230		0.1472	

注：基准组为污染防御型环境战略；括号内为 Z 值；* 表示 $p<0.1$，** 表示 $p<0.05$，*** 表示 $p<0.01$。

模型 M5、M6 和 M7 依次采用多项 Logit 模型验证了组织冗余对政策压力、监管压力、公众压力与重污染企业环境战略之间关系的调节作用。采用多项 Logit 模型验证结果与采用最小二乘估计所验证结果一致，从模型 M5 的估计结果可以看出，重污染企业所拥有的冗余资源越多，政策压力对企业选择反应型环境战略的影响显著为负（$\beta=-0.00725$，$p<0.1$），对企业选择环保领导型战略的影响显著为正（$\beta=0.0676$，$p<0.1$），表明对于重污染企业来说，随着政策压力的逐渐增强，企业越不倾向于选择反应型战略。相反，企业选择环保领导型战略的概率增加，这一结果也说明，政策压力越大，企业选择的环境战略越积极，H3a 得到验证。

模型 M6 中，重污染企业所拥有的冗余资源越多，监管压力对企业选择反应型环境战略的影响显著为负（$\beta = -0.065$，$p < 0.05$），对企业选择环保领导型战略的影响显著为正（$\beta = 0.17$，$p < 0.1$），则说明政府加强监管压力，企业越不倾向于选择反应型战略，而随着监管压力的进一步增加，重污染企业选择环保领导型战略的概率增加，这一结果与 H3b 相互印证。冗余资源是超出实际需要而保存在组织内部并被组织控制的资源，它的最大作用在于应对外部环境变化的冲击。因此，当政府的环保政策趋于严格，政府增加监管频次和惩罚力度时，企业拥有的冗余资源越多，企业越容易使用冗余资源去缓解政府施压，比如投入更多的资金、技术、信息实施环保行动，从而向更积极的环境战略过渡。同样地，企业的冗余资源可以有效降低政府环保政策给企业造成的违法违规风险，激励企业制定积极的环境战略。此外，企业的冗余资源是促进组织变革的重要催化剂，当重污染企业通过实施更高一级环境战略应对外部环境政策趋严的压力时，冗余资源为环境战略变革提供物质基础。

遗憾的是，模型 M7 说明重污染企业所拥有的冗余资源越多，公众压力对企业选择反应型环境战略的影响不显著（$\beta = -0.00003$），对企业选择环保领导型战略的影响也不显著（$\beta = 0.00151$），说明公众给企业施加的压力越大，企业选择反应型、污染防御型或环保领导型环境战略并不存在差异，实证结果并未很好地验证 H3c。究其原因可能是重污染企业仅利用冗余资源的合理配置满足政府提出的硬性环保需求，外部非正式制度压力属于软约束，企业对公众等非政府组织的环保需求置之不理，并不会给企业带来直接损失和风险，因而企业拥有的冗余资源越多，越倾向于与公众等非政府组织进行污染博弈。因此，重污染企业组织冗余对公众压力与企业环境战略关系的调节效应不显著。

四、资产专有性的调节效应分析

被解释变量环境战略类型，属于有序多分类变量，调节变量资产专有性为连续变量，因此组织冗余的调节效应分析将同样采用多项 Logit 模型进行估计。模型检验通过 Stata 12.0 完成，重污染企业资产专有性调节效应的多项 Logit 模型回归结果如表 4－9 所示。

表4-9　资产专有性对制度压力的环境战略异质性响应

解释变量	被解释变量					
	M8		M9		M10	
	ReaStr	*LeaStr*	*ReaStr*	*LeaStr*	*ReaStr*	*LeaStr*
Poli	-0.292*** (-3.52)	0.252* (2.48)	-0.302*** (-3.69)	0.233* (2.33)	-0.319*** (-3.76)	0.238* (2.26)
Reg	-0.0444* (-2.10)	0.0091 (0.24)	-0.0557* (-2.43)	0.0123 (0.32)	-0.0605* (-2.39)	0.0122 (0.36)
Peo	-0.007*** (-3.62)	0.00084 (0.40)	-0.007*** (-3.56)	0.00121 (0.59)	-0.00525** (-2.94)	-0.00226 (-0.6)
Speci	-0.0781 (-1.62)	1.001 (1.50)	-0.05 (-1.43)	1.062 (1.50)	-0.0781 (-1.62)	1.101* (1.99)
Poli × *Speci*	-0.0244** (-2.62)	0.0653* (2.23)	—	—	—	—
Reg × *Speci*	—	—	-0.0154* (-2.41)	0.00358* (2.22)	—	—
Peo × *Speci*	—	—	—	—	-0.0004* (-2.14)	0.1676** (2.85)
Size	-0.126 (-1.46)	0.0125 (0.07)	-0.135 (-1.56)	0.00924 (0.05)	-0.147 (-1.70)	-0.0211 (-0.11)
ROA	0.387 (0.25)	0.662 (0.19)	0.426 (0.28)	1.001 (1.16)	0.651 (0.43)	1.306 (0.37)
Time	0.0848 (0.29)	-0.627 (-0.93)	-0.0203 (-1.02)	0.0858* (2.08)	-0.016 (-0.80)	0.0165 (0.59)
Age	0.00768 (0.48)	0.0194 (0.54)	0.00927 (0.57)	0.0289 (0.83)	0.0104 (0.64)	0.0245 (0.71)
Educ	-0.135 (-1.13)	0.560* (2.05)	-0.113 (-0.94)	0.557** (2.13)	-0.152 (-1.27)	0.498 (1.87)
Indu	-0.156*** (-4.35)	-0.095 (-1.44)	-0.158*** (-4.41)	-0.0980 (-1.48)	-0.148*** (-4.17)	-0.0814 (-1.24)
Cons	4.961* (2.24)	-6.201 (-1.32)	5.165* (2.32)	-6.586 (-1.43)	5.034* (2.28)	-5.325 (-1.15)
观测值	536		536		536	

续表

解释变量	被解释变量					
	M8		M9		M10	
	ReaStr	*LeaStr*	*ReaStr*	*LeaStr*	*ReaStr*	*LeaStr*
LR chi^2	90.31		90.93		91.59	
Prob > chi^2	0.0000		0.0000		0.0040	
Pseudo R^2	0.1612		0.1638		0.1701	

注：基准组为污染防御型环境战略；括号内为 Z 值；* 表示 $p<0.1$，** 表示 $p<0.05$，*** 表示 $p<0.01$。

模型 M8、M9 和 M10 依次采用多项 Logit 模型验证了资产专有性对政策压力、监管压力、公众压力与重污染企业环境战略之间关系的调节作用。采用多项 Logit 模型验证结果与采用最小二乘估计所验证结果一致，从模型 M8 的估计结果可以看出，重污染企业所拥有的专有性资源越多，政策压力对企业选择反应型环境战略的影响显著为负（$\beta=-0.0244$，$p<0.05$），对企业选择环保领导型战略的影响显著为正（$\beta=0.0653$，$p<0.1$），表明对于重污染企业来说，随着政策压力的逐渐增强，资产专有性越强的企业越不倾向于选择反应型战略。相反，企业选择环保领导型战略的概率增加，这一结果也说明，当政策压力逐步增大时，企业资产专有性越强，选择的环境战略越积极，H4a 得到验证。

模型 M9 中，重污染企业资产专有性越强，监管压力对企业选择反应型环境战略的影响显著为负（$\beta=-0.0154$，$p<0.1$），对企业选择环保领导型战略的影响显著为正（$\beta=0.00358$，$p<0.1$），则说明政府加强监管压力，企业会倾向于选择污染防御型或环保领导型战略，这一结果与 H4b 相互印证。

模型 M10 中，重污染企业资产专有性越强，公众压力对企业选择反应型环境战略的影响显著为负（$\beta=-0.0004$，$p<0.1$），对企业选择环保领导型战略的影响显著为正（$\beta=0.1676$，$p<0.05$），说明公众给企业施加的压力越大，企业选择反应型、污染防御型和环保领导型战略的概率依次增加，实证结果印证了 H4c。资产专有性指在不牺牲其生产价值的条件下，某项资产能够被重新配置于其他替代用途或是被替代使用者重新调配使用的程度，资产专有性越强，越不容易被使用者重新调配。若资产专有性强的重污染企业制定消极的环境战略，不仅

会在一定程度上造成环保敏感性客户更高的流失率，而且有可能由于客户或投资者的环境污染问题殃及自身。尤其当政府的环保政策趋于严格或监管频次增加时，拥有专有性资产越多的重污染企业，越倾向于实施前瞻型环境战略来满足外部利益相关者的合法性。

五、企业不同生命周期阶段的调节效应分析

被解释变量环境战略类型属于有序多分类变量，调节变量企业生命周期为有序多分类变量，因此重污染企业生命周期的调节效应分析将在企业不同发展阶段分别采用多项 Logit 模型估计，即在企业初创成长期、成熟期和衰退期，分别验证制度压力与重污染企业环境战略的关系。该模型检验通过 Stata 12.0 完成，企业生命周期调节效应的多项 Logit 模型的分组回归结果如表 4－10 所示。

表 4－10　生命周期不同阶段企业对制度压力的环境战略响应

解释变量	被解释变量					
	初创成长期（M11）		成熟期（M12）		衰退期（M13）	
	ReaStr	*LeaStr*	*ReaStr*	*LeaStr*	*ReaStr*	*LeaStr*
Poli	－0.311** （－2.27）	－0.0106* （－1.65）	－0.374** （－2.69）	0.504** （2.46）	－0.358** （－2.07）	－0.932* （1.48）
Reg	－0.0226 （－0.68）	－0.0644* （－1.82）	－0.033 （0.97）	0.0775* （1.67）	－0.207** （－2.35）	－0.114* （－1.82）
Peo	－0.0108** （－2.36）	－0.00684 （－0.81）	－0.010** （－2.14）	0.005* （1.72）	－0.002 （－0.59）	－0.0017 （－0.88）
Size	－0.0481 （－0.37）	－0.0349 （－0.16）	－0.38*** （－2.66）	0.365* （1.88）	－0.541* （－1.93）	－0.52** （－2.17）
ROA	1.529 （0.77）	2.831 （0.77）	－0.514 （－0.20）	0.805 （0.14）	－0.710 （－0.13）	2.113* （1.64）
Time	－0.0714** （－2.04）	0.0952 （1.55）	－0.0901 （－0.20）	0.02 （0.34）	0.254 （0.54）	－0.224 （－0.27）
Age	0.0111 （0.40）	0.0182 （0.32）	0.0280 （1.19）	0.0492 （0.80）	－0.0802* （－1.70）	0.080* （1.69）
Educ	0.0526 （0.28）	0.336 （0.84）	－0.307* （－1.64）	1.416** （2.47）	－0.150 （－0.44）	0.554** （2.16）

续表

解释变量	被解释变量					
	初创成长期（M11）		成熟期（M12）		衰退期（M13）	
	ReaStr	*LeaStr*	*ReaStr*	*LeaStr*	*ReaStr*	*LeaStr*
Indu	-0.249*** (-3.95)	-0.113 (-1.05)	-0.082* (-1.64)	-0.116 (-1.07)	-0.108* (-2.05)	-0.0741 (-0.98)
Cons	1.023 (0.28)	-4.364 (-0.61)	9.334** (2.64)	-10.94** (-1.97)	20.84*** (2.66)	10.48** (1.96)
观测值	225		180		192	
LR chi^2	45.62		57.31		37.89	
Prob > chi^2	0.0003		0.0000		0.0040	
Pseudo R^2	0.0745		0.0818		0.0737	

注：基准组为污染防御型环境战略；括号内为 Z 值；* 表示 $p<0.1$，** 表示 $p<0.05$，*** 表示 $p<0.01$。

由于 H5 和 H7 涉及的初创成长期企业和衰退期企业情况类似，因此我们将同时对模型 M11 和 M13 进行分析，政策压力对初创成长期和衰退期企业的反应型和环保领导型环境战略选择显著为负，表明政策压力越大，初创成长期和衰退期企业越倾向于选择污染防御型环境战略，H5a 和 H7a 得到验证；监管压力对初创成长期企业的环保领导型环境战略选择显著为负，对反应型战略影响不显著，则说明监管压力越大，企业越倾向于选择反应型或污染防御型环境战略，因此 H5b 并未得到验证，监管压力对衰退期企业的反应型和环保领导型环境战略影响显著为负，说明监管压力越大，衰退期企业越倾向于选择污染防御型环境战略，因此 H7b 得到验证。初创成长期企业可能选择反应型战略的原因是企业战略侧重于规模扩张和规模经济，导致环保投入较少，冒着污染违约风险去生产经营。此外，公众压力对初创成长期和衰退期企业选择环保领导型战略影响不显著，说明无论公众压力多大，企业在污染防御型和环保领导型两种环境战略的选择上并无差异，实证结果并没有很好地验证 H5c 和 H7c，造成此结果的原因可能是在研究样本中，选择环保领导型战略的初创成长期和衰退期企业数量过少（分别为 8 家和 10 家），影响了统计结果的显著性。

从模型 M12 的分析结果中看出，政策压力、监管压力和公众压力对成熟期企业的环保领导型环境战略选择均显著为正，说明政策压力越大，企业越倾向于选择环保领导型环境战略，这一结果验证了 H6a；监管压力越大，企业越倾向于选择环保领导型环境战略，H6b 得到验证；公众压力越大，企业越倾向于选择环保领导型环境战略，结果与 H6c 相互印证。

六、稳健性检验

稳健性检验的目的是观察实证结果是否随着参数、指标和模型等设定的改变而发生变化（伍德里奇，2015），若参数、评价方法和指标等改变后，实证结果的符号和显著性发生了改变，说明结果非稳健、不可信。

一般来讲，稳健性检验有三种方法：①从数据出发，根据不同的标准调整分类，检验结果是否依然显著；②从变量出发，将核心变量用其他变量替换，如企业规模可以用资产总额衡量，也可以用销售收入衡量；③从计量方法出发，可以用 OLS、FIX EFFECT、GMM 等回归，看结果是否依然 Robust。

为考察上述实证结果的稳健性，我们开展了主效应的稳健性检验。首先从变量出发，考虑替代某一核心变量的测度指标，杨博琼和陈建国（2011）以环境监管部门从业人数作为环境监管度量的标准，因此本书将监管压力的代理变量地方政府环保行政处罚案件数用地区环保机构人员数代替，验证上述主要结论是否依然成立；其次从计量方法出发，用不同的回归模型看结果是否稳健，考虑到因变量属于有序多分类变量，亦可使用多项 Probit 回归进行验证（陈强，2014），因此采用多项 Probit 模型做回归分析。具体结果如表 4－11 所示。

表 4－11　稳健性检验

解释变量	被解释变量			
	替代监管压力的样本总体 Logit（M13）		样本总体的多项 Probit 回归（M14）	
	ReaStr	*LeaStr*	*ReaStr*	*LeaStr*
Poli	－0.299*** （－3.68）	0.210** （2.07）	－0.226*** （－3.81）	0.126* （1.80）
Reg	－0.0592** （－2.38）	0.00465 （0.14）	－0.0401** （－2.31）	0.004 （0.16）
Peo	－0.00517*** （－3.06）	0.00089 （0.47）	－0.00547*** （－3.87）	0.000151 （0.10）

续表

解释变量	被解释变量			
	替代监管压力的样本总体 Logit（M13）		样本总体的多项 Probit 回归（M14）	
	ReaStr	*LeaStr*	*ReaStr*	*LeaStr*
Size	-0.152* (-1.87)	-0.0866 (-0.54)	-0.119 (-1.75)	-0.0839 (-0.79)
ROA	0.376 (0.28)	3.062 (1.16)	0.320 (0.29)	2.174 (1.20)
Time	-0.00659 (-0.34)	0.0777* (1.98)	-0.00661 (-0.40)	0.0538** (2.06)
Age	0.00744 (0.47)	0.0280 (0.83)	0.00504 (0.37)	0.0162 (0.72)
Educ	-0.172 (-1.45)	0.559* (2.14)	-0.122 (-1.23)	0.329 (1.94)
Indu	-0.149*** (-4.25)	-0.0974 (-1.52)	-0.133*** (-4.52)	-0.0773* (-1.80)
Cons	5.340** (2.46)	-4.770 (-1.11)	4.512** (2.48)	-2.309 (-0.38)
观测值	597		597	
LR chi^2	86.54		N	
Wald chi^2	N		72.55	
Prob > chi^2	0.0000		0.0000	
Pseudo R^2	0.1440		0.1050	

注：基准组为污染防御型环境战略；括号内为 Z 值。* 表示 $p<0.1$，** 表示 $p<0.05$，*** 表示 $p<0.01$。

从表 4-11 可以看出，替换监管压力的代理变量，以及采用多项 Probit 模型回归后，结论基本未发生变化。模型 M13 中，政策压力对企业选择反应型环境战略的影响显著为负（$\beta=-0.299$，$p<0.01$），对企业选择环保领导型战略显著为正（$\beta=0.21$，$p<0.05$），说明政策压力对企业选择更积极的环境战略有正向促进作用，这一结果印证了 H1a；而监管压力和公众压力对企业选择反应型环境战略有负向抑制作用（$\beta=-0.0592$，$p<0.05$；$\beta=-0.00517$，$p<0.01$），证明监管压力和公众压力越大，相比于反应型战略，企业倾向于选择污染防御型

环境战略或环保领导型战略，H1b 和 H2 得到验证。模型 M14 的分析结果与 M8 相似，结果均验证了 H1a、H1b 和 H2。由此可见，实证结果具有较好的稳健性。

本章小结

本章剖析了不同制度压力对重污染企业环境战略的影响，及企业组织冗余、资产专有性、生命周期阶段对制度压力的异质性环境战略响应，进而从我国重污染行业中筛选出 597 家上市公司，通过企业社会责任报告、企业官网对环境战略进行手工编码，并从国泰安数据库中搜集整理其他变量数据，最终采用多项 Logit 模型进行实证研究。结果发现：①政策压力增加，企业倾向于选择环保领导型战略，而不倾向于选择反应型战略；②监管和公众压力越大，企业越不会选择反应型战略，但对选择污染防御型或环保领导型战略无明显差异；③进一步地，当企业的组织冗余越多时，政策、监管和公众施压使重污染企业越倾向于选择积极的环境战略；④政策、监管和公众压力越大，越有利于成熟期企业选择环保领导型战略；⑤政府政策的不断施压使初创成长期和衰退期企业偏好污染防御型战略。通过揭示制度压力、资源特征、生命周期与环境战略选择的内在关系，丰富了制度同构和战略异质性二元行动逻辑的理论分析。

第五章　基于制度压力的重污染企业环境战略演化

——以钢铁企业为例

企业战略的选择并非“一劳永逸”的（魏江、王诗翔，2017）。随着环境规制主体、手段以及强度的变化，重污染企业的环境战略选择会随之改变。考虑到环境战略选择的动态性，对重污染企业环境战略演化路径及其驱动力的剖析是本章拟解决的关键问题。钢铁行业是我国环保部所界定的典型重污染行业，并且节能减排仍是我国钢铁工业调整升级的主旋律。根据《钢铁工业调整升级规划（2016—2020 年）》，到 2020 年，我国钢铁业污染物排放总量下降 15% 以上，吨钢二氧化硫排放量降低至 0. 68 千克以下。因此，本章以钢铁企业为例研究重污染企业的环境战略演化过程及其动力。

第一节　理论背景

一、环境战略演化基础——战略间的路径依赖性

Hart（1995）在自然资源基础观提出由低级到高级的三种环境战略，分别为污染防御战略、产品管理战略和可持续发展战略。污染防御战略是通过原材料替代、循环利用、流程创新等方式减少、改变或预防污染物排放；产品管理战略是

指将利益相关者整合到产品设计、生产过程中，典型方法是运用产品生命周期分析（LCA）方法从产品出现到衰落全过程角度出发使生产过程对环境的污染最小化；可持续发展战略则侧重于企业跨地区改善环境质量，通过跨地区扩展业务，将环保方法转移到环境相对恶劣的地区，从而提高当地环境质量。并且，Hart 指出污染防御战略、产品管理战略和可持续发展战略三种战略存在内部联系：一是获取一种特定资源可能依赖于已经获取的其他资源；二是获取一种既定的能力依赖于其他资源的同时存在。因此，三种战略的内部联系意味着三种战略之间的路径依赖，即更高一级的环境战略实施依赖于低级环境战略所获取的相关能力，最终导致采取低一级环境战略的企业会更容易向高一级环境战略演化，比如实施污染防御环境战略企业可能会更早追求产品管理战略。

这一命题为本书的环境战略演化提供了重要理论支撑，从资源基础观的理论视角提出环境战略的演化路径存在从低级向高级的过渡。然而，环境的负外部性使制度压力成为企业解决环境问题的有效手段，迫使企业从战略上予以回应。在日益趋严的制度压力下，重污染企业环境战略如何演化?

二、战略表现形式：诱导式和涌现式

在企业环境战略演化过程中，战略形成的表现形式不同。战略过程研究区别对待战略内容的制定和实施，当管理者决策与企业行动不吻合时，企业战略表现为制定与实施的偏差。战略形成过程的复杂性和多样性（Mintzberg，1978），以及管理者的认知局限，决定了组织领导者并不能完全按照远程目标和行动计划行事。基于此，Mintzberg 和 Waters（1985）提出了两种战略表现形式：诱导式和涌现式，并对两种概念进行细化和阐述。所谓诱导式战略，是指企业的集体行动完全按照企业预期形成；涌现式战略旨在没有明确意图的情况下，企业在一段时间内保持战略行动的一致性（Thietart，2016）。涌现式环境战略的典型特征是企业管理层未制定相应的战略计划，却出现了高度一致性的实践，其强调由管理者的认知有限性所产生的意外后果。Mintzberg 和 Waters（1985）只是将战略的两种表现形式进行了概念界定，Mirabeau 等（2018）的研究中进一步提出了诱导式和涌现式战略的区分方法。第一步，在企业的不同战略阶段，追踪中高层管理者关于战略的话语、规划或企业环保组织、制度；第二步，随着时间的推移，跟踪

企业制定相关战略的实践活动，并确定企业重点执行的持久的战略实践项目；第三步，分析中高层管理者关于战略的话语、规划或企业环保组织、制度与重点实践项目类型是否协调，进而确定企业战略属于诱导式或是涌现式。

在企业战略过程观的相关研究中，学者们承认管理者战略制定与实施所产生的偏差（Weick et al.，2005），这种偏差会在一定程度上改变战略的演化方向。那么，在环保制度压力下，战略制定和实施的不吻合会导致重污染企业环境战略如何演化？

考虑到环境战略演化研究的理论缺口以及我国重污染行业绿色战略升级的迫切性，本书采用案例研究方法对案例企业的环境战略变革过程进行系统、全面的剖析，揭示重污染企业环境战略演化路径及其动力，从而建立较为完整的环境战略形成与演化理论模型。本章余下部分，首先对案例研究方法进行系统详尽的介绍，其次分析案例方法与案例企业的选择，在对案例企业数据搜集与分析的基础之上，揭示重污染企业环境战略与演化的动态过程，进而剖析企业环境战略演化的深层次原因，形成环境战略形成与演化的理论模型。

第二节　案例研究方法

一、案例研究内涵与类型

案例研究是基本的研究方法之一，它聚焦于了解事物所呈现的动态性。案例研究方法对于研究组织和战略各种过程往往很有效，尤其是该方法采用整体全面和长期过程导向的视角时，其研究结果出人意料但却真实可信，并且可以验证。案例研究方法既符合学术的严谨性，也符合学术所要求的现实意义。具体来讲，案例研究方法引导学者专注与那些没有明确答案却非常重要的问题，同时研究结果贴近现实，具有实践价值。

案例研究不仅包括单案例研究，而且包括多案例研究，可以从多层面进行分析（Yin，1984）。此外，案例研究也可以采用嵌入式设计，也就是说一个案例研究中包括多个层面。比如，Pettgrew（1988）从行业和企业两个层面研究了英国Warwick公司的竞争优势和战略转变。

二、案例研究方法步骤

1. *启动*（Getting Started）

对于通过案例研究构建理论一个初始的研究问题定义，至少有个宽泛的词语是非常重要的。明茨伯格（1979）指出，无论我们的样本多小，无论我们对什么感兴趣，我们需要尝试带着一个很好的定义去进入组织，去系统地搜集各种各样的数据。定义一个问题的重要性在假设检验研究中也是一样重要的。没有问题聚焦，研究很可能被大量数据所淹没。在宽泛的主题中界定研究问题，有助于确定哪些类型的组织可以作为研究对象以及需要收集的数据种类。

值得注意的是，理论构建研究应该尽可能在没有任何构思中的理论和有待检验的假设的理想情况展开。即使完全没有任何理论的理想状态几乎不可能达到，但努力接近这种理想状态非常重要，因为预设的理论观点或命题会给研究者带来偏见或限制新结论的发现。由此可见，研究者应该是先界定研究问题，甚至参照现有文献来确定一些潜在的重要变量，但应避免考虑变量和理论之间的具体关系，尤其是在研究过程的最初阶段。

2. *选择案例*

案例选择是构建理论的重要部分。如同假设检验研究，总体的概念同样至关重要，因为总体定义了研究样本所来自的实体集。同样，恰当地选择总体能控制外部变化，并有助于限定研究发现的适用范围。而且，选择合适的总体控制了极端变化。

然而，当我们试图通过案例研究构建理论时，样本选择比较特殊。案例研究采用的是理论抽样的方法，所选择案例要能复制先前案例的发现，或者能拓展新兴的理论，或者为了填补理论的分类和为两种截然不同的分类提供实例。虽然这些案例可能是随机抽取而得，但随机选择既不必要，甚至不可取。案例研究依赖于理论样本。我们可能选择案例去复制之前的案例或者扩展已有的理论，或者填充理论分类，抑或是提供极端类型的例子。因此，在以理论抽样为目标时要选择那些可能复制或者拓展新兴理论的案例。相比之下，在传统的试验研究中的假设检验依靠的是统计抽样，研究者从总体中随机抽样，其目的是获得总体中变量分布的精确统计证据。

3. 起草研究工具和程序

理论构建过程通常需要综合运用多种数据收集方法，主要包括访谈、观察和文档资料等。运用多种数据收集方法的三角测量，使构念和假设具有更坚实的实证证据。同时，数据类型不仅局限于定性数据，还要包含定量数据。定量数据有助于揭示一些不易被研究者觉察的关系。

另外需要特别强调的是组建多成员的研究团队。多成员团队有两个优势，首先，他们提升了研究的创造性潜力。团队成员的见解通常可以相互补充从而使数据更加丰富，并且不同的观点增加了从数据中捕捉到新观点的概率。其次，从众多研究者中得到的收敛趋同的观察结果增强了结论的可信度。趋同的观点增加了假设的实证根基，而对立的观点会使研究团队避免过早结束调查。由此可见，多成员的研究团队一方面有利于增强结论的可信度，另一方面增加了发现新理论的可能性。让多位研究者参与研究的一种策略就是由多个成员组成团队进入案例现场。这样案例就可以被多位研究者从不同角度来观察。例如，访谈可以由两人小组进行，一人负责提问，另外一人负责记录和观察。访谈者有和受访者近距离互动的视角，而记录者可以保持一种不同的、远距离视角。

4. 进入现场

运用案例构建理论的一个显著特点是数据收集和数据分析常常重叠进行。现场笔记作为研究者的现场工作记录，是实现数据收集和分析重叠的重要工具。在现场记录时，有两点建议：第一，写下现场发生的一切，而不是挑选记录那些看起来似乎重要的事物，因为我们通常不知道什么是重要的，什么是不重要的；第二，通过一些提问来深化对现场记录的思考，如“我们从中学到了什么?”“此事与前一事件有什么不同?”Burgelman（1983）在研究企业内部创业时，坚持大量使用笔记来记录自己的思考过程，包括预感到的某些关系、奇闻轶事和非正式的观察。

数据收集工具要根据需要调整，如在访谈提纲或调查问卷中增加问题。这样的调整有助于研究者发现涌现的主题，或者抓住那些在特定情境中出现的特殊机会。在某些情况下，还可以通过增加所选案例的数据来源来做调整。需要注意的

是，这种调整可能会使理论的根基更扎实或提供新的理论视角。这种灵活性并不意味着缺乏系统性，恰恰相反，它是受到控制的机会主义，这样研究者才能充分利用特定案例的独特之处和涌现的新主题，来完善最终的理论。

5. 数据分析

数据分析是由案例研究构建理论的核心，但又是最难且最不易言表的一步。已发表的研究一般会介绍研究对象和数据收集方法，但对数据分析的讨论却一带而过，因此留下数据和结论之间的鸿沟。对于单案例研究来说，案例内分析是关键一步，其重要性是由案例研究的特性之一决定的，即海量的数据。因为研究问题常常是开放式的，因此大量的数据更加令人望而生畏，案例内分析是帮助研究者应对数据的有效方法。

案例内分析通常是对案例的详细描述，虽然这只是简单纯粹的描述，但对新见解的产生至关重要。因为它能帮助研究者在数据分析阶段及早开始处理数据。但是，对于这种方法我们还没有标准形式。例如，Quinn（1980）在研究六个大型公司战略时，先写出每个公司的教学案例，以此作为理论研究的前奏。Mintzberg 和 McHugh（1985）先编写了 383 页的加拿大国家电影局的发展史。文章在叙述和描述时，也采用了大量的时序图来追踪收入、电影赞助商、员工等。事实上，有多少研究者就可能有多少种方法，但这些方法总的来说就是要将每个案例看成独立的个体，然后细致入微地分析。

6. 文献对比

理论构建的一个特征是将形成的概念、理论或假设同现有文献进行对比，包括探究什么是相同之处，什么是矛盾之处，以及可能的原因是什么。这一步的关键是研读大量文献。

查阅那些与形成理论相矛盾的文献是非常重要的，原因有两点：一是如果研究人员忽略了与现有文献相矛盾的发现，研究结果的可信度会降低；二是与现有文献冲突意味着机会。对有冲突结果的比较迫使研究人员采用比没有比较时更具创新性、突破性的思考模式。结果既能对形成的理论和与此矛盾的文献进行更深入的思考，也能精确界定当下研究结论的适用范围。讨论与研究发现相似的文献也同样重要，因为这能将那些通常互不相干的现象通过内在的相似性联系起来。由此得出的结论常常具有更强的内部效度、更广泛的普适性和更高层级的概念。

总体来讲，将案例研究形成的理论和现有文献相联系，有助于提高由案例研究构建理论的内部效度、普适性和理论水平。虽然在绝大多数研究中，将研究结论和现有理论联系起来都很重要，但在由案例研究构建理论的研究中，这一点尤为重要，因为多数结论常常是基于数量有限的案例。这种情况下，任何进一步提高内部效度或者普适性的验证都是重要的。

7. 结束研究

准备结束研究时，有两个问题很重要：一是何时停止增加案例，二是何时结束理论和数据的反复比较。对于第一个问题，当理论达到饱和时研究者应该停止增加新的案例，所谓理论饱和就是在某个时间点上，新获得的知识增量变得极小。对于第二个问题，何时结束理论和数据的反复比较，饱和度同样是核心判断依据，也就是当进一步改进理论的可能性达到最小时，就停止比较。由案例构建理论最终的结果可能是深思熟虑形成的概念、某一概念框架或者命题。

表5－1汇总了案例构建理论的全过程，包括每个步骤的工作内容以及原因。

表5－1　由案例研究构建理论的过程

步骤	工作内容	原因
启动	定义研究问题； 尝试使用事前推测的概念	聚焦工作； 为构念测量提供基础
案例选择	不预设理论或假设； 确定特定整体； 理论抽样，而非随机抽样	保留理论构建的灵活性； 控制外部变化，强化外部效度； 聚焦有理论意义的案例，如通过补充概念类别来复制或扩展理论的案例
研究工具和程序设计	采用多种数据搜集方法； 组合使用定性和定量数据； 多位研究者参与	通过三角证据来强化理论基础； 运用综合性视角审视证据； 采纳多元观点，集思广益
进入现场	数据收集和分析重叠进行，包括整理现场笔记； 采用灵活的数据收集方式	加速分析过程，并发现对数据收集有益的调整； 帮助研究者抓住涌现的主题和案例的独有特征

续表

步骤	工作内容	原因
数据分析	案例内分析； 运用多种不同方法，寻找跨案例的模式	熟悉资料，并初步构建理论； 促使研究者摆脱最初印象，透过多种视角来查看证据
形成假设	运用证据迭代方式，构建构念； 跨案例的复制逻辑，非抽样逻辑； 寻找变量关系背后的证据	精炼构念定义、效度及可测量性； 证实、拓展和精炼理论； 建立内部效度
文献对比	与矛盾的文献互相比较； 与类似的文献互相比较	建立内部效度，提升理论层次； 提升普适性，提高理论层次
结束研究	尽可能达到理论饱和	当边际改善变得很小时，研究结束

资料来源：Eisenhardt（1989）。

第三节　研究设计

一、案例选择

本书采用纵向双案例嵌入式研究方法，主要归因于：①试图回答企业环境战略形成与演化路径及其动力，在解答“how”和“why”问题的范畴内；②环境战略演化是一个动态且复杂的过程（Yin，2003），纵向案例以时间顺序构建因果证据链，有利于对企业战略演化现象进行深入且细致的刻画与剖析（Eisenhardt and Graebner，2007），可以提高研究的内部效度；③对比案例允许观察到企业环境战略的不同演化路径，相比于单案例研究遵循复制差异逻辑，提高了研究的外部效度，有利于得出普适性结论；④本书从外部环境、企业战略和管理层认知层面研究了案例企业的战略演化（Pettgrew，1988），涉及三个层面，因此属于嵌入式研究方法。

案例选择是构建理论的重要部分，选择过程需慎之又慎。选择宝山钢铁股份有限公司（以下简称“宝钢”）和太原钢铁（集团）有限公司（以下简称“太钢”）作为案例研究对象，遵循如下标准：

（1）契合主题原则。两家企业的污染治理过程呈现出不断变迁的特征，与研究主题非常契合。1985 年以来，宝钢从聚焦于污染源头防御到涌现出的环保领导型战略，再到诱导形式的环保领导型战略，经历三次变革；太钢自 1978 年实施环境战略以来，从聚焦于末端治理的反应型，到注重源头治理的污染防御型，再到涌现出的环保领导型战略，以及之后依次实施的污染防御型和环保领导型战略，经历了多次的环境战略变革。

（2）典型性原则（Pettigrew，1990）。宝钢和太钢在实施环境战略初期，分别采取污染源头防御和末端治理的环保措施，恰恰是现今多数中小企业所确立的环境战略，具有很强的代表性。

（3）聚焦原则（Eisenhardt，1989）。宝钢和太钢均属于钢铁行业，并且分别在 2000 年和 1998 年成功上市，属于我国钢铁行业的领军企业。因此，两家企业在制度环境、市场环境、行业类型、企业性质方面具有很多相似之处，研究控制了这些因素的影响，降低了外部变异。

（4）适配性原则（Eisenhardt，1989）。两家企业在面临相同的制度环境和市场环境时，表现出了差异性的环境战略响应。在 2008 年左右，宝钢开始实施诱导式环保领导型环境战略，而太钢的环境战略回到注重源头治理的污染防御型。此外，在不同的环境战略阶段，太钢和宝钢的环保认知也存在一定程度的差异。这些差异有利于跨案例间的比较分析，揭示变量间的因果关系（冯永春等，2016）。Eisenhardt（1989）指出当理论达到饱和时研究者应该停止增加新的案例，本书对 20 多家钢铁企业的战略演化路径进行梳理，发现太钢和宝钢案例足以解释环境战略演化路径的两大类型，新加案例会产生较小的边际理论贡献。

（5）启发性原则（Pettigrew，1990）。宝钢和太钢的环境治理均完成了从被动治污到主动环保的华丽转身，现如今，两家企业在绿色环保方面处于行业领先地位，2015 年被评为钢铁行业的绿色标杆企业。宝钢和太钢如何实现环境战略转型，对现今的污染企业具有一定的启示性。

（6）数据充分原则。案例企业的数据可得性较高。宝钢和太钢同属上市公司，环保信息披露非常全面，从宝钢的社会责任报告和可持续发展报告中可以获

取大量与研究相关的数据资料，与此同时，课题组与太钢保持有长期良好合作关系，为太钢环保信息的获取提供了便利。

案例企业的基本信息如表 5－2 所示。

表 5－2　案例企业基本信息

	宝钢股份	太钢集团
上市时间	2000 年 11 月	1998 年 6 月
所有制性质	国有	国有
行业类型	钢铁行业	钢铁行业
主营业务	不锈钢	特钢、不锈钢
资产总额（2017 年）	3502.35 亿元	744.96 亿元
营业收入（2017 年）	2895 亿元	677.9 亿元
公司位置	上海宝山区	山西太原市
主要市场	国内外市场	国内外市场
环境管理目标	建成世界一流的清洁钢铁企业	打造成创造价值、富有责任、备受尊重、绿色发展的都市型钢厂
环保投资（2017 年）	13.74 亿元	2.04 亿元

资料来源：作者整理。

1. 太原钢铁集团简介

太原钢铁（集团）有限公司（以下简称“太钢”）是中国特大型钢铁联合企业和全球产能最大、工艺技术装备最先进的不锈钢企业。2013 年产钢 998 万吨，实现销售收入 1460 亿元，利润 5 亿元，位居行业前列。太钢的主要产品有不锈钢、冷轧硅钢片（卷）、碳钢热轧卷板、火车轮轴钢、合金模具钢、军工钢等。不锈钢、不锈复合板、电磁纯铁、火车轮轴钢、花纹板、焊瓶钢的市场占有率国内第一，烧结矿、炼钢生铁、连铸板坯、中板、热轧卷板制造成本竞争力行业第一。

太钢以创新引领发展，依托国家级技术中心、先进不锈钢材料国家重点实验室等科技创新平台，形成了以不锈钢、冷轧硅钢、高强韧系列钢材为主的高效节能长寿型产品集群，重点产品应用于石油、化工、造船、集装箱、铁路、汽车、城市轻轨、大型电站、“神舟”系列飞船等重点领域和新兴行业，双相钢、耐热钢、铁路行业用钢、车轴钢等20多个品种国内市场占有率第一，30多个品种填补国内空白、替代进口。

在节能环保方面，太钢坚持绿色发展，倡导节约、环保、文明、低碳的生产和生活方式，成功实施了干熄焦、煤调湿、焦炉煤气脱硫制酸、烧结烟气脱硫脱硝制酸、高炉煤气联合循环发电、高炉煤气余压发电、饱和蒸汽发电、钢渣处理、膜法工业用水处理、城市生活污水处理、酸再生等节能环保项目，主要节能环保指标居行业领先水平。

2. 宝钢股份简介

宝山钢铁股份有限公司（以下简称“宝钢”）是中国最大、最现代化的钢铁联合企业。宝钢以其诚信、人才、创新、管理、技术等方面的综合优势，奠定了在国际钢铁市场上世界级钢铁联合企业的地位。《世界钢铁业指南》评定宝钢在世界钢铁行业的综合竞争力为前三名，认为也是未来最具发展潜力的钢铁企业。2015年8月，宝山钢铁荣登《中国制造企业协会》主办的“2015年中国制造企业500强”榜单，排名第6位。2019年5月14日，荣获第十届中华环境奖。

在节能环保方面，宝钢自建成投产以来，高度重视环境保护工作，被认为是国内钢铁业节能环保的标杆企业。特别是近年来，随着国家对环境保护的日益重视，宝钢股份启动了新一轮城市钢厂专项规划，明确了“打造以精品钢铁制造为核心的升级版绿色工厂，构建以城市生态和谐为基础的示范型城市钢厂”的规划目标和“百余项目、百亿投资”的实施路径，并逐步探索出一套符合自身发展的有效路径。

坚持以技术创新为驱动，引领行业绿色发展方向。近年来，宝钢以“煤进仓、矿进棚”等为代表的一大批环保项目稳步推进，以全流程提标改善为核心的一大批除尘、水处理工艺设施得以有序升级改造，全面实现了特别排放限值的最高环保标准；年轻的湛江钢铁更是定位于打造全世界最高效率的绿色工厂，整个工程建设坚持按最严的排放标准设计建造，环保投入占总投资的12.5%。宝钢还敢于吃“螃蟹”，将世界首发的焦炉烟气治理技术、最高效率的烧结烟气净化处理技术等一批业内首发和示范性环保技术投入应用，并取得良好效果；大力开展清洁能源应用，建成世界最大的屋顶光伏发电项目。与此同时，宝钢不断强化能

源体系管理，通过持续推进“三流一态”（能源流、制造流、价值流及设备状态）能源管理体系，有效促进工业低碳发展。

二、数据搜集

由于我国环境保护制度建设始于1978年《环境保护法》的首次颁布（曲格平，2013），太钢在1978年开始重视环保工作，成立环境保护处和环境卫生处，因此本书选择1978年作为观察窗口的起点。多渠道的数据来源有助于我们通过三角验证，提高研究的信度和效度（Yin，2013）。本书的数据搜集来源（见表5－3）主要包括：

表5－3　案例企业及其所处外部环境主要数据来源

数据来源及编码	外部环境	宝钢股份	太钢集团
半结构式访谈	访谈人数：4人 访谈时长：约80分钟	访谈人数：1人 访谈时长：20分钟	访谈人数：3人 访谈时长：约300分钟
内部档案资料	约2万字	约5万字	约15万字
外部资料	约5万字	约30万字	约40万字
非正式资料渠道	微信语音：约20分钟	无	电话时长：约50分钟 微信语音：约100分钟

资料来源：作者整理。

（1）企业深度访谈及半结构式访谈。自2017年关注太钢以来，我们与太钢能源环保部建立了良好的合作关系，并在2018年4月首次前往太钢开展正式访谈，之后又进行了3次非正式访谈，访谈对象包括能源环保部主任、轧钢厂厂长助理、档案部部长等。访谈内容主要围绕太钢发展史、企业环保历程、企业开展的重点环保项目、管理层对环保的态度和认识、企业的环境战略和环保组织架构、企业面对的制度压力与应对措施等。正式访谈总耗时约7小时，搜集的资料在24小时内整理归档。伴随访谈的进行，我们还对企业进行了实地观察。随后，在数据分析和案例写作过程，通过非正式访谈对档案资料进行了补充，约耗时5小时，获取资料在12小时内整理存档。

此外，由于案例研究过程中涉及企业所处的外部制度环境和市场环境，我们曾多次参加钢铁工业协会、中国金属学会举办的绿色环保和社会责任的相关会议，并对钢铁工业协会和金属学会以及中国环境科学研究院的相关人员进行了5次非正式访谈。访谈内容主要涵盖我国环保制度建设、钢铁行业发展历程、钢铁行业污染物排放标准、政府环保督查过程发现的问题等。每次访谈平均耗时40分钟，并在24小时内整理成文字资料存档。

（2）档案资料。一是获取的企业内部资料，主要包括太钢发展史和环保会议记录；二是通过巨潮资讯网下载企业年报、社会责任报告，了解太钢和宝钢的重点环保项目和环保理念等；三是通过集团网站、企业发布出版物（太钢日报多媒体数字报）、中国钢铁工业协会网站、中国金属学会网站搜索太钢和宝钢的环保信息；四是通过中国知网、万方等期刊数据库、重要报纸数据库检索太钢和宝钢的相关文献。

（3）一些非正式的资料获取渠道，如电话、微信和企业周边采访。通过与太钢环保部主任的多次电子邮件和微信沟通，了解到太钢日常的环保事件，结束太钢访谈之后，与企业周边居民以聊天方式了解他们对太钢环保的满意度。其中，2000年之前的太钢企业数据主要来源于内部档案资料，2000年之后，通过正式和非正式访谈获取的数据是本书中太钢的主要数据来源；宝钢数据主要来源于网站、档案资料等。

三、数据分析

数据分析是案例研究的核心内容（Eisenhardt，1989；张霞、毛基业，2012），本书历经三阶段完成。首先，根据整合的原始编码文档资料梳理两个案例关于环境战略的发展史，主要采用数据来源的“三角验证”法降低偏差（邢小强等，2015）。之后将梳理出的案例数据用于案例内分析和案例间分析（Eisenhardt and Graebner，2007）。研究者独立分析案例企业涌现出的构念及构念之间的关系。其次，通过讨论以及访谈对象的补充调研解决少数冲突观点。最后，采取案例间分析研究两个案例的相似性和差异性（Eisenhardt，1989），并基于复制逻辑和大量的图表形式不断对比案例数据和涌现的理论，将提炼出的理论框架与现有文献对比，直至理论达到饱和，提出研究命题。

为了更加系统地整理、分析数据，采用质性研究软件NVivo11.0辅助完成编码。在具体编码过程中，对来自高管的数据标记为 M1，来自一线员工的访谈记录标记为 M2，来自钢铁协会等一些非正式组织工作人员的数据标记为 N1，来自中国环境科学研究院研究人员的数据标记为 N2，通过文献资料获得的数据标记为 S1，通过档案资料获取的数据标记为 S2。为了降低偏见，采用双人双盲方式（Double - Blind）编码，请研究团队的两位研究生独立评估了核心构念的关键词编码，一致性水平高达 90%，显示出较强的一致性。对于不一致之处，研究者相互进行了讨论和修正并最终达成共识，这进一步保证了研究信度（赵晶、王明，2016）。

四、关键构念的界定与测度

鉴于本书问题涉及多个构念、构念维度及其之间的关系，为了避免构念界定不清晰导致的研究偏差（彭新敏等，2017），在已有文献以及数据方面对核心构念进行构念和测度，如表 5 - 4 所示。

表 5 - 4 相关构念、测量变量与关键词的编码条目统计

编码构念	测量变量	关键词
环境战略类型	反应型	污水处理、扬尘治理、拆除污染设备
	污染防御型	回收利用、再利用、源头减少、循环利用
	环保领导型	产品生命周期分析、绿色原材料、绿色产品
环境战略表现形式	诱导式	经编码分析，企业制定和实施的环境战略类型保持一致
	涌现式	经编码分析，企业制定和实施的环境战略类型存在差异
外部环境压力	正式制度压力	环保法、环保规章条例、排污标准
	非正式制度压力	居民评价、环保组织、媒体评价
	竞争压力	生产规模不断扩张、外企强势涌入国内市场
环保认知	环境绩效和经济绩效相悖	先污染后治理、完成省市限制性项目
	环境绩效和经济绩效统一	经济效益与环境效益统一、兼顾市场和非市场性
	环保作为企业社会责任	社会责任、绿色供应链、协同上下游企业节能减排

资料来源：作者整理。

环境战略表现形式的构念及测度。借鉴 Thietart（2016）的研究，将环境战略表现形式划分为两种类型：诱导式和涌现式。所谓诱导式环境战略，是指企业的环保行动和实践完全按照企业预期形成，企业制定和实施的环境战略保持一致；涌现式环境战略旨在没有明确意图情况下，企业在一段时间内保持战略实践和行动的一致性，企业制定的环境战略与实施的环保实践并未保持一致性。

外部环境压力的构念及测度。外部环境包括企业所处的制度环境以及市场的竞争环境（Buysse and Verbeke，2003）。将外部环境压力划分为制度压力和市场竞争压力。其中，制度压力是企业所在国家、地区和行业给其带来的压力，包括国家政策、政府管制等正式制度压力和社区居民、环保组织、媒体等非正式组织给企业施加的压力，行业竞争压力是指由国内钢铁市场的扩张以及国外钢铁企业的大量进驻给企业造成的压力。

环保认知的构念及测度。借鉴 Sharma（2000）对环保认知的研究，将环保认知划分为三种类型，包括管理层认为环保绩效和经济绩效相悖、环保绩效和经济绩效统一以及将环保作为企业最重要的社会责任。

第四节　案例内分析与主要发现

一、钢铁企业外部环境压力变化

1. 钢铁企业环保政策变迁

自改革开放以来，国家陆续发布了多项政策和排放标准，对钢铁工业污染物排放制定目标和规范要求。1978 年发布首个环保法；1985 年，针对钢铁工业发布了专项标准《钢铁工业污染物排放标准》（GB4911—1985），排放标准列出了钢铁工艺主要污染工序和设备，规定了分时段不同执行不同的标准，新建企业比现有企业执行更为严格的标准。20 世纪 90 年代中期，局部实现了三个转变，即从末端治理向全过程控制转变，从单纯浓度控制向浓度与总量控制相结合转变，从分散治理向分散与集中相结合转变，并开始了清洁生产试点工作；1992 年正式提出了保护环境，实施可持续发展战略。1992 年，工业部发布实施《钢铁工业水污染物排放标准》（GB13456—1992），使钢铁工业污染排放标准从通用的综

合性排放标准发展为行业性分类专项标准；1996年，《工业炉窑大气污染物排放标准》（GB9078—1996）、《大气污染物综合排放标准》（GB16297—1996）、《炼焦炉大气污染物排放标准》（GB16171—1996）相继发布，对钢铁工业的窑炉，除颗粒物排放限值外，增加了二氧化硫、氟化物等有害物质的排放要求，并且提出了最高允许排放速率的总量控制限额。上述标准一直沿用到2008年，为我国钢铁工业节能减排，促进技术创新，改善环境质量发挥着政策指导和技术引领作用。

2008年10月起开始实施的钢铁工业污染物排放新标准大幅收紧了颗粒物和二氧化硫等排放限值，并对环境敏感地区规定了更为严格的水和大气污染物特别排放限值。2015年1月，"史上最严"的环保法出台；2015年8月，《大气污染防治法》再次修订，VOCs纳入了监测范围；2015年11月，《环境保护"十三五"规划基本思路》出台。2016年新《环境空气质量标准》面世；2017年7月，环保部正式发布《排污许可证申请与核发技术规范钢铁工业》，钢铁行业新排污许可工作正式开始，要求京津冀及周边"2+26"城市、长三角、珠三角区域于2017年底前完成许可证的申领，其他地区钢铁企业应于2018年底前完成许可证的申领。2017年是《大气污染防治行动计划》的首个考核年，《京津冀及周边地区2017年大气污染防治工作方案》要求唐山、邯郸、安阳等重点城市对钢铁企业实施分类管理，按照污染排放绩效制定错峰停限产方案，采暖季钢铁产能停限产50%。新排污许可制是固定污染源环境管理的核心制度，将实现对固定污染源的"一证式"管理。排污许可证将作为钢铁企业排污行为的唯一行政许可，对于无证排污或违证排污的钢铁企业，将受到按日计罚、停产等严厉处罚。

2. 钢铁企业外部环境压力变化

在对案例企业外部环境梳理的过程中，我们发现企业的环境战略演化离不开外部制度环境和市场竞争环境的变化（见表5-5）。案例企业在环境战略实施的不同阶段，同时经历了外部正式制度压力、非正式制度压力、行业竞争压力三种类型的外部环境压力变化。其中，正式制度压力是由国家政策、政府管制驱动的，非正式制度压力是由社区居民、环保组织、媒体等非正式组织所造成的，行业竞争是由国内外钢铁市场的进驻、扩大产能等因素所驱动的。

表5-5 钢铁企业外部环境压力典型引用语举例及编码结果

阶段	外部环境	典型引用语举例	关键词	编码结果
1978~1985年	正式制度压力	•首次出台《环境保护法》(S1) •颁布首个《工业三废排放标准》(N2)	环保法 排污标准	正式制度宽松
	非正式制度压力	无	社会评价	非正式制度宽松
	行业竞争压力	•钢铁作为重工业代表受政府高度重视，生产规模扩张，基本无竞争(S1)	企业竞争	竞争小
1986~1999年	正式制度压力	•环境保护的理论体系、制度政策体系、法律法规体系初步形成(S1) •出台更严格的《钢铁工业污染物排放标准》和不同污染物排放标准[①](S2)	环保制度 初步完善	环保政策较严格
	非正式制度压力	无	社会评价	非正式制度宽松
	行业竞争压力	•计划经济向市场经济转换(S1) •生产规模不断扩张，出现竞争(S1)	企业竞争	竞争初现
2000~2007年	正式制度压力	•出台环保税收等市场激励型政策(N2) •倡导循环经济和清洁生产(N2)	政策	政策较宽松
	非正式制度压力	•如果不能控制和治理污染，钢厂应搬出市区(S1)	搬出市区	非正式制度发展
	行业竞争压力	•外资企业进驻国内不锈钢领域(S2) •国内其他钢企不断扩大产能(S2)	外资进驻 扩大产能	竞争激烈
2008年至今	正式制度压力	•实施钢铁工业污染物排放新标准(N1) •大幅收紧颗粒物等排放限值(N1)	排污标准	正式制度严格
	非正式制度压力	•把钢厂搬出市区的呼声不断(S1) •媒体频繁披露企业污染问题(S1) •附近小区住户不断向环保部门投诉，反映噪声、异味等污染扰民问题(N2)	媒体曝光 社区投诉	非正式制度严格
	行业竞争压力	•存在严重的无序竞争、同质竞争(S2)	竞争	竞争激烈

资料来源：作者整理。

① 1985年针对钢铁行业，政府出台更为严格的《钢铁工业污染物排放标准》(GB4911—1985)，并相继出台更具针对性的污染物排放标准，如《钢铁工业水污染物排放标准》(GB13456—1992)、《工业炉窑大气污染物排放标准》(GB9078—1996)、《大气污染物综合排放标准》(GB16297—1996)、《炼焦炉大气污染物排放标准》(GB16171—1996)。

二、宝钢不同环境战略阶段发展

本书主要根据案例企业的资料搜集对环境战略的阶段进行划分，如果数据显示企业重点环保项目类型有明显变化，则认定该时间点是企业环境战略转型点。具体阶段划分如表 5 -6 所示。

表 5 -6　宝钢环境战略演化阶段划分

阶段	污染防御型环境战略	环保领导型环境战略	环保领导型环境战略
窗口划分	1985 ~ 1999 年	2000 ~ 2007 年	2008 年至今
关键事件	1985 年，宝钢一期工程竣工	2000 年，高质量绿色的重大项目正式开工	2008 年，成立社会责任委员会，产品全生命周期评价用于实践

资料来源：作者整理。

（1）第一阶段：聚焦于污染防御型环境战略（1985 ~ 1999 年）。宝钢于 1978 年底破土动工，当时全国污染问题已相当严重。但宝钢作为现代化程度很高的工厂，在 20 世纪 70 年代建厂之初，就以世界最先进的污染控制水平作为环保设计标准，在设计中采取了许多环境保护措施，在 1985 年一期工程竣工之后，以严于国家和地方的环境标准进行污染物控制。具体表现：传统的钢渣处理工艺残钢回收率低、运行能耗大、污染环境、危险性高、渣利用效率低。宝钢 1996 年开始对此进行研究，1998 年 6 月世界上第一台全新方式的短流程渣处理试验装置在宝钢股份二炼钢投入使用，大大提高了残钢的利用率。

该阶段宝钢相关的典型引用语举例及编码结果如表 5 -7 所示。通过编码分析可见，在宝钢实施污染防御型环境战略阶段，聚焦于回收利用、再利用、源头减少等污染物源头防御的环保实践，企业面临的外部环境特点是环保制度初步形成政策趋严，企业感知的环保压力增强；行业规模不断扩大，企业间开始有竞争，但巨大的市场需求导致企业的竞争压力并不大。这期间随着环保制度的不断完善，加之宝钢设计之初就采用世界最先进的污染控制水平作为环保设计标准，高层管理者的环保认知较高，认为环境和经济效益可以同步提升。

表5-7 宝钢实施污染防御型环境战略阶段典型引用语举例及编码结果

构念	测度变量	典型引用语举例	关键词	编码结果
环境战略	反应型	•创建污水处理厂，节水1万吨/日（S1） •淘汰落后的生产装备（S2）	污水处理、扬尘治理、拆污染设备	聚焦于污染防御型环境战略
	污染防御型	•短流程渣处理试验装置在二炼钢投入使用，大大提高了残钢利用率（M2） •采用干熄焦、转炉煤气干式除尘回收技术等技术装备（S2）	回收利用、再利用、源头减少、循环利用	
	环保领导型	无	产品生命周期分析、绿色原材料、绿色产品	
制度压力感知	对环保制度的反应	•从日本引进系统节能理念（M2） •研究能源与成本关系，以最小成本节约最多能源（S2）	环保理念 环保行动	制度压力较小
竞争压力感知	对市场环境的反应	•1991年，二期工程竣工（S1） •1994年，三期工程竣工（S1） •1998年，并购上钢、梅钢（S1）	扩大生产 实施并购	竞争压力较小
环保认知	环保态度与认识	•抓经济的同时不能忽视环境保护（S2） •经济效益与环境保护相统一（S1）	经济与环境	环境与经济统一

注：编码出企业开展属于某一类型环境战略对应的重点环保实践条目数最多，则企业在此阶段隶属于该种环境战略。

资料来源：作者整理。

（2）第二阶段：聚焦于绿色产品研发的环保领导型环境战略（2000～2007年）。企业的环境方针为控污染、节资源、兴利用，建设生态型钢铁企业。围绕这一方针，企业承诺，从原燃材料、设备、物资的采购到钢铁冶炼、产品制造、成品外运全过程预防和控制污染，各阶段努力减轻环境负荷，实现清洁生产；不断改进工艺，节省资源、能源，开展“三废”综合利用，推进循环经济新建项目采用先进的清洁生产工艺和污染控制技术。在此基础上，宝钢实施了一系列节能减排措施，比如2001年针对中水回用技术展开研究，成功地实现了将中水回用到循环冷却水系统中，替代工业补充水；2004年企业对烧结、钢管等工序高

温烟气进行余热回收，全年回收余热蒸汽折标准煤 43.8 万吨；通过干法熄焦技术（CDQ 技术）、烧结余热回收技术、高炉 TRT 余能发电技术、转炉回收煤气和蒸汽技术、钢管环形炉余热回收技术、冷轧余热回收技术、热轧汽化冷却技术，在 2005 年公司产生的各类工业固体次生资源如高炉渣、钢渣、含铁尘泥、粉煤灰、废耐材和废旧油等 1194 万吨，利用量达到 1172 万吨，综合利用率 98.1% 等。

通过注重生产过程的污染防御，强化过程质量控制，不断提高产品质量，宝钢研发出大量高质量、高附加值的环境友好型产品，为下游汽车、桥梁等行业的供应商提供了绿色原材料。例如：高强钢、减薄 DI 材、高效无取向电工钢等。2003 年，宝钢成功研发出高强钢，使汽车可以利用更少的钢材、节约资源，由于其重量更轻的特点，也为汽车节约燃料、减少污染物排放；2004 年，宝钢成功开发了非调质系列塑料模具钢，开模后可以不经热处理而直接使用，消除了热处理工序对环境造成的污染等；宝钢 T91 高压锅炉管主要用于制造超临界、超超临界电站锅炉高温过热器和再热器，超临界、超超临界电站锅炉的优点是煤耗比我国平均供电煤耗分别低 99 克/千瓦时和 138 克/千瓦时，热效率可提高 5% 以上。

该阶段宝钢相关的典型引用语举例及编码结果如表 5 -8 所示。通过编码分析可见，宝钢实施绿色产品研发的环保领导型环境战略阶段，企业面临的制度环境与前一阶段保持一致，环保认知停留在环境与经济效益同步发展层面；市场环境变化明显，随着行业规模不断扩大以及外资企业涌入，企业间竞争异常激烈。为了应对市场压力，宝钢将产品战略聚焦于高质量绿色产品，研发出大量绿色产品。

（3）第三阶段：聚焦于产品全生命周期分析的环保领导型环境战略（2008 ~ 2018 年）。2007 年底，宝钢成立环境保护与资源利用委员会，并于 2008 年将“促进合作伙伴在节能环保管理和绩效方面的持续改进”加入企业环境能源管理的目标和方针政策中。具体表现：实施供应商绿色管理，采用基于全生命周期理论（LCA）对其环境基础数据进行评价，逐步建立供应商产品环境绩效 LCA 数据库，将 LCA 评估结果作为产品准入的重要参考，优先考虑环境绩效好的产品，在此基础上，在国内钢铁行业率先启动《绿色采购行动计划》，并通过宝钢官方电子商务平台公开发布，向社会传递宝钢绿色采购政策；从产品全生命周期评价（LCA）视角研发、生产绿色、环境友好型产品，比如在 2010 年底完成硅钢 NS-GO、CGO 大类产品全生命周期评价，完成热轧、普通冷轧、镀锡、电镀锌和热

表5-8 宝钢实施环保领导型环境战略阶段典型引用语举例及编码结果（一）

构念	测度变量	典型引用语举例	关键词	编码结果
环境战略	反应型	•淘汰煤气发生炉（S2）	污水处理、扬尘治理、拆污染设备	聚焦于环保领导型环境战略
	污染防御型	•将中水回用到循环冷却水系统中，替代工业补充水（S2） •对烧结、钢管等工序高温烟气进行余热回收，全年回收余热蒸汽折标准煤43.8万吨（S2）	回收利用、再利用、源头减少、循环利用	
	环保领导型	•增加外购矿的绿色采购（S1） •开发高强度汽车用钢，减轻车重，延长汽车寿命（S2） •研发高效无取向钢，用于空调压缩机等行业领域，在节能降耗方面显优势（S1） •环保技术在钢铁行业推广（S2）	产品生命周期分析、绿色原材料、绿色产品	
制度压力感知	对环保制度的反应	•根据钢铁生产的物流理论研究产品能耗与成本（S2） •“构建可持续发展全球经济联盟”契约成员（S1） •保护社区环境，发展志愿者宣传（S2）	环保研究 环保组织 社会宣传	制度压力大
竞争压力感知	对市场环境的反应	•公司面对激烈竞争，向外拓市场，向内抓现场（M1） •深化钢铁主业一体化运作和整合（M1） •建成具有钢铁产品制造、能源转换、社会大宗次生资源处理与吸纳的新一代钢铁企业（M1）	国内领先	竞争压力较大
环保认知	环保态度与认识	•“废弃物”也是一种资源，是生产过程中产生的一种次生资源，在一定的技术、经济和社会条件下这些次生资源能够得到再利用（S1）	经济与环境	环境与经济效益统一

资料来源：作者整理。

镀锌五类重点产品环境友好声明方案，2013年与电机厂合作，完成0.75千瓦、

11 千瓦、55 千瓦系列电机能效等级电机的生命周期评价等；创建基于客户需求的绿色解决方案，2017 年与福建云度新能源开展 B101 车型的技术合作，提出 7 项结构优化建议以及轻量化优化方案 53 项，最终协同用户满足安全碰撞要求并实现车身减重 23 千克。

该阶段宝钢相关的典型引用语举例及编码结果如表 5-9 所示。通过编码分析可见，宝钢实施环保领导型环境战略阶段，环保实践聚焦于产品全生命周期评价，从原材料采购到生产、制造、销售均考虑环境负荷；环保制度趋严，媒体、社区对环保的关注增多，企业感知的制度压力增加；与此同时，产能过剩导致的行业竞争非常激烈，企业的竞争压力倍增。此时企业的环保认知得到提升，升华为将环保作为企业的社会责任，致力于协助相关企业完成环境保护。

表 5-9 宝钢实施环保领导型环境战略阶段典型引用语举例及编码结果（二）

构念	测度变量	典型引用语举例	关键词	编码结果
环境战略	反应型	无	污水处理、扬尘治理、拆污染设备	聚焦于环保领导型环境战略
	污染防御型	•采用强化传热、低品位余能回收、流体系统优化、工业炉窑节能等先进技术；有机朗肯循环（ORC）低温余热发电系统，用以回收烧结环冷机排气筒低温废气余热（S2）	回收利用、再利用、源头减少、循环利用	
	环保领导型	•在国内钢铁行业率先启动《绿色采购行动计划》（S1） •完成硅钢 NSGO、CGO 大类产品全生命周期评价，完成热轧、普通冷轧、镀锡、电镀锌和热镀锌五类重点产品环境友好声明方案（S2） •与电机厂合作，完成 0.75 千瓦、11 千瓦、55 千瓦系列电机 IE1、IE2、IE3 三个能效等级电机的生命周期评价等（S2） •创建基于客户需求的绿色解决方案，与福建云度新能源开展 B101 车型的技术合作，最终协同用户满足安全碰撞要求并实现车身减重 23 千克（S2）	产品生命周期分析、绿色原材料、绿色产品	

续表

构念	测度变量	典型引用语举例	关键词	编码结果
制度压力感知	对环保制度的反应	•通过产品的全生命周期评价研究钢铁生产的节能潜力（S2） •制作绿色宝钢宣传片（S1） •配备污染物处理设施，厂区绿化（S1）	环保方案 媒体宣传 回应投诉	制度压力大
竞争压力感知	对市场环境的反应	•成为全球钢铁业引领者（M1） •金融危机下在行业内保持稳步发展（M1）	国际领先 行业领先	竞争压力较大
环保认知	环保态度与认识	•强化社会责任，促进合作伙伴在节能环保管理和绩效方面的持续改进（S2） •成为绿色产业链的驱动者（S1）	社会责任	环保作为社会责任

资料来源：作者整理。

根据 Mirabeau 等（2018）提出的诱导式和涌现式环境战略的区分，宝钢在不同阶段表现出不同形式的环境战略，具体如表 5－10 所示。第一阶段，宝钢投入生产运营，制定了污染防御型环境战略，此阶段的环保实践聚焦于污染物的回收利用和循环利用，与企业制定的环境战略相一致，属于诱导式环境战略；第二阶段，为了应对外部市场压力，宝钢大力研发、生产高质量产品，无形中节约了大量资源能源，这一系列绿色产品所涌现出的环保领导型环境战略与宝钢在此阶段制定的污染防御型战略不一致，因此此阶段的环境战略属于涌现式战略；第三阶段，宝钢制定了环保领导型环境战略，而一系列环保实践聚焦于绿色采购、绿色产品研发、绿色制造等，降低了全产业链的环境负荷，这些环保实践与企业制定的环境战略相匹配，属于诱导式环境战略。

表 5－10　宝钢环境战略演化不同阶段环境战略制定与实施

企业名称	阶段划分	环境战略制定	环境战略实施（重点项目）
宝钢股份	聚焦于污染防御型（诱导式）	1985～1999 年：一期工程竣工，采用世界先进环保技术	短流程渣处理试验装置在二炼钢使用，大大提高残钢利用率；采用转炉煤气干式除尘回收技术

续表

企业名称	阶段划分	环境战略制定	环境战略实施（重点项目）
宝钢股份	聚焦于环保领导型（涌现式）	2000～2007年：发展循环经济，全面开展清洁生产工作	开发高强度汽车用钢，减轻车重，延长汽车寿命；研发高效无取向电工钢，用于空调压缩机、冰箱压缩机等行业领域，在节能降耗方面显优势
	聚焦于环保领导型（诱导式）	2008～2018年：成立社会责任委员会，产品全生命周期评价用于实践	在国内钢铁行业率先启动《绿色采购行动计划》；完成硅钢NSGO、CGO大类产品全生命周期评价，完成热轧、普通冷轧、镀锡、电镀锌和热镀锌五类重点产品环境友好声明方案；创建基于客户需求的绿色解决方案，与福建云度新能源开展B101车型的技术合作，最终协同用户满足安全碰撞要求并实现车身减重23千克

资料来源：作者整理。

三、太钢不同环境战略阶段发展

本书主要根据案例企业的资料搜集，结合访谈过程中企业环保部门领导对环境战略的判断对环境战略的阶段进行划分。如果相关领导认为该时间是一个转折点，且数据显示企业重点环保项目类型有明显变化，则认定该时间点是企业环境战略转型点。具体阶段划分如表5－11所示。

表5－11　太钢环境战略演化阶段划分

阶段	反应型环境战略	污染防御型环境战略	环保领导型环境战略
窗口划分	1978～1985年	1986～1999年	2000～2008年
关键事件	1978年，太钢首次成立环境保护处和环境卫生处	1986年，太钢成立废物综合利用公司	2000年，太钢确定了建成具有国际水平不锈钢企业的发展战略

阶段	污染防御型环境战略	环保领导型环境战略
窗口划分	2009～2013年	2014～2018年
关键事件	2009年，将绿色发展写入企业战略目标	2014年，绿色环保成为企业最重要社会责任

资料来源：作者整理。

（1）第一阶段：聚焦于反应型环境战略（1978～1985年）。改革开放初期，钢铁业走上快速发展道路，为满足市场需求，太钢的服务方向由以军工和重工业为主扩展到为轻工业以及农业服务，产品种类不断扩充，不锈钢、轴承钢、磨具钢等十余种高档产品共同发展，1978～1985年，太钢的钢产量由94万吨增长到141.5万吨。与此同时，钢铁的大规模发展带来一系列环境问题，太钢高度重视国家制定的环境保护法规性文件，以及颁布的首个环保标准《工业三废排放试行标准》（GBJ4—1973），于1978年成立环境保护处和环境卫生处，积极治理污染，开展环境监测、厂容整顿、环保宣传和培训等工作，环保作为企业的一项制度确定下来。这期间，太钢的污染治理主要通过技术开发和改造实施污染物的末端治理，包括建成现代化不锈钢生产线，在生产末端脱硫、磷、硅等污染物，淘汰污染严重的小锅炉，对10台动力锅炉进行消烟除尘改造等23项重点环保工程，并取得了可观的成绩，减少烟尘和工业粉尘排放约1万吨，节约工业用煤6万吨。

该阶段太钢相关的典型引用语举例及编码结果如表5－12所示。通过编码分析可见，太钢实施反应型环境战略阶段，企业环保实践、外部环境压力感知与企业环保认知呈现以下特征：太钢聚焦于污水处理、扬尘治理、拆污染设备等污染物末端治理方式；外部环保制度主要集中于达到“三废”排放标准，企业会有一定程度的环保压力；由于市场需求大，企业间并无明显竞争，因此企业的竞争压力很小；这期间，社会整体处于环保意识萌芽阶段，太钢的环保认知能力较低，认为环保属于企业成本，会降低经济效益。

表5－12　太钢实施反应型环境战略阶段典型引用语举例及编码结果

构念	测度变量	典型引用语举例	关键词	编码结果
环境战略	反应型	•通过技术开发实施污染物末端治理，建成现代化不锈钢生产线（S2） •生产末端脱硫、磷、硅等污染物（S2） •淘汰污染严重的小锅炉（S2） •10台动力锅炉进行除尘改造（S2）	污水处理、扬尘治理、拆污染设备	聚焦于反应型环境战略
	污染防御型	•转炉红烟治理，将回收的红烟作为炼铁原材料（S2）	回收利用、再利用、源头减少、循环利用	
	环保领导型	无	产品生命周期分析、绿色原材料	

续表

构念	测度变量	典型引用语举例	关键词	编码结果
制度压力感知	对环保制度的反应	●成立环境保护处和环境卫生处（S2） ●开展环境监测、厂容整顿、环保培训等工作（S2）	组织机构 环保行动	制度压力较小
竞争压力感知	对市场环境的反应	●顺应行业发展大潮，太钢快速发展，经济效益持续稳定增长（S1）	行业发展	竞争压力小
环保认知	环保态度与认识	●环保工作主要为了完成国家和省市限制项目（S2） ●上污染设备消耗大量资金（S2）	被动环保 成本浪费	环境与经济相悖

资料来源：作者整理。

（2）第二阶段：聚焦于污染防御型环境战略（1986～1999年）。钢铁行业的快速发展，引发更为严重的环境问题。随着钢铁行业环保标准收紧和我国环保制度的进一步完善，太钢环保观念由“上污染治理设施”转变为“以少的投入生产尽可能多的适销对路产品，以减少污染”，成立废物综合利用公司，开始重视生产过程中的废弃物利用。太钢坚持生产建设与环境保护同步抓的方针，建立了严密的环保目标管理体系和责任制体系。高度重视“三废”的综合利用工作，并成立太钢综合利用公司。对“三废”综合利用单位给予奖励激励，企业由末端治理向生产全过程控制转变。这期间，太钢实施了大量废弃物循环利用的重点环保项目：发电厂冲灰水处理工程，每年可回用水370万吨，悬浮物削减1850吨；耐火厂锅炉房改造与热网工程，每年节煤1450吨，减少烟尘排放787.7吨，二氧化硫324.9吨；赵庄污水处理厂，处理废水8万吨/日，其中4万吨复用；烧环冷机余热利用回收工程；围绕顶级复合吹炼技术、转炉煤气回收技术、二次烟气处理技术、煤气洗涤水处理复用技术开展了一系列废弃物综合利用环保项目，污染物排放总量大幅降低；并且通过提高热效率和产品质量，直接或间接地减少污染物产生与排放。这期间，市人大城建委的委员们评价太钢“已经由单纯被动地解决污染问题走向以解决污染为主的综合治理”。

该阶段太钢相关的典型引用语举例及编码结果如表5－13所示。通过编码分析可见，太钢实施污染防御型环境战略阶段，太钢聚焦于回收利用、再利用、源头减少等污染物源头防御的环保实践，企业面临的外部环境特点是环保制度初步形成政策趋严，企业感知的环保压力增强；行业规模不断扩大，企业间开始有竞争，但巨大的市场需求致使企业的竞争压力并不大。这期间，随着环保制度的不断完善，以及太钢积累的环保经验越来越丰富，太钢环保认知能力有本质上的提升，认为环境和经济效益可以同步提高。

表 5－13　太钢实施污染防御型环境战略阶段典型引用语举例及编码结果

构念	测度变量	典型引用语举例	关键词	编码结果
环境战略	反应型	• 发电厂冲灰水处理工程，每年节约用水 370 万吨（S2） • 赵庄污水处理厂，处理废水 8 万吨/日（S2）	污水处理、扬尘治理、拆污染设备	聚焦于污染防御型环境战略
	污染防御型	• 耐火厂锅炉房改造与热网工程，每年节煤 1450 吨，减少烟尘排放 787.7 吨（S1） • 烧环冷机余热利用回收工程（S2） • 开展围绕顶级复合吹炼技术、转炉煤气回收技术、煤气洗涤水处理复用技术进行废弃物综合利用环保项目（S1）	回收利用、再利用、源头减少、循环利用	
	环保领导型	无	产品生命周期分析、绿色原材料、绿色产品	
制度压力感知	对环保制度的反应	• 成立太钢综合利用公司（S2） • 环保行动由末端治理向生产全过程控制转变（M1）	组织机构 环保行动	制度压力较小
竞争压力感知	对市场环境的反应	• 扩大企业的产品种类，多品类进驻市场（S1） • 太钢生产规模不断扩展（M2）	扩大生产	竞争压力小
环保认知	环保态度与认识	• 实现经济效益与环境保护相统一的目标（M2） • 生产建设与环境建设同步抓（S2）	经济与环境	环境与经济效益统一

资料来源：作者整理。

（3）第三阶段：聚焦于涌现式环保领导型环境战略（2000～2008年）。2000年伊始，太钢响应政府号召启动循环经济，提出减量化（Reduce）、再利用（Reuse）、再循环（Recycle）的“3R”原则，推行清洁生产，在原有环保项目的基础上，建设并实施了一批节能减排与回收利用项目。比如采用世界先进节能环保工艺建成国内容积最大的焦炉，并配备每小时处理焦炭150吨的两套干熄焦装置，将回收蒸汽用于发电；2006年规划并于两年后建成的煤调湿项目，可有效减少二氧化硫排放2500吨等。2008年与2000年相比，太钢万元产值能耗下降了76%，吨钢耗新水下降了85%；吨钢烟粉尘排放量下降了95%，吨钢化学需氧量下降了99%。此外，为了增加新的效益增长点，太钢成立工程技术公司，将自主研发的节能减排先进技术输出到相关行业。

进入21世纪，面对钢铁行业日益加剧的竞争环境，太钢“多而不精”的产品格局严重减弱了企业的竞争优势。考虑到市场对不锈钢产品的需求，以及从1952年，中国第一炉不锈钢在太钢诞生到彼时不锈钢技术经验在国内的领先地位，太钢确定了建成具有国际水平的以不锈钢为主的特殊钢企业的发展战略，集中精力发展具有高附加值的不锈钢。但现实是残酷的，2002年国内不锈钢市场竞争开始加剧，外资企业进驻国内不锈钢领域，本土其他不锈钢企业也在不断扩大产能，太钢产品一家独大的局面开始消退。低质量或有质量缺陷的不锈钢产品失去竞争优势，产品质量得到高度重视，“提高竞争力，关键在质量，没有质量就没有进入市场的通行证”。2002年初，太钢出台一条禁令：“不合格产品不出厂”。2002年8月，高管层履行诺言，将276吨没有达到质量标准却可以低价出售赚取薄利的不锈钢冷轧薄板和冷轧硅钢板当众销毁。管理人员和员工的质量意识彻底被扭转，在生产过程中强化过程质量管理和落实，涌现出大量不合格产品为零的班组，不合格产品被大幅度控制，太钢成为高质量不锈钢的代名词。

通过集中发展不锈钢，强化过程质量控制，不断提高产品质量，太钢研发出大量高质量不锈钢产品，为下游汽车、石油化工、桥梁等行业的供应商提供了绿色原材料。2002年研发的铁路货车车体用不锈钢材料，成功用于中国南车、北车集团的载重80吨的运煤专用火车车体，减轻车体重量15%～20%，提高火车使用寿命，为货运火车成为绿色长龙提供绿色原材料支持；2003年研发的客车用不锈钢材料应用于轨道客车车厢，同样降低了客车的维护成本和能源消耗；

2005 年，太钢开始开发新型高性能耐磨钢，应用于线材抛丸机制造，有效提高了设备使用率；2006 年，太钢开始自主研发核电不锈钢，为清洁能源发展提供原材料；2009 年，太钢着手研发的重量轻、强度高、耐腐蚀的双相不锈钢钢筋中标珠港澳大桥，成为桥梁建设的绿色原材料，有效提高了桥梁的使用寿命。

该阶段太钢相关的典型引用语举例及编码结果如表 5－14 所示。通过编码分析可见，太钢环保实践聚焦于绿色产品的研发，从而为下游制造商提供绿色原材料，与环保领导型战略相吻合，此时企业面临的制度环境与前一阶段保持一致，环保认知也停留在环境与经济效益同步发展层面；而市场环境变化明显，随着行业规模不断扩大以及外资企业涌入，企业间竞争异常激烈。为了应对市场压力，太钢将产品战略聚焦于优势产品不锈钢的生产，研发出大量绿色产品。

表 5－14　太钢实施环保领导型环境战略阶段典型引用语举例及编码结果

<table>
<tr><th>构念</th><th>测度变量</th><th>典型引用语举例</th><th>关键词</th><th>编码结果</th></tr>
<tr><td rowspan="3">环境战略</td><td>反应型</td><td>●烧结机烟气脱硫脱硝项目，减少二氧化硫、粉尘、氮氧化物排放（S2）</td><td>污水处理、扬尘治理、拆污染设备</td><td rowspan="3">聚焦于环保领导型环境战略</td></tr>
<tr><td>污染防御型</td><td>●采用世界先进节能环保工艺建成国内容积最大的焦炉，并配备每小时处理焦炭 150 吨的两套干熄焦装置，将回收蒸汽用于发电（S2）
●建成的煤调湿项目，可有效减少二氧化硫排放 2500 吨等（S2）</td><td>回收利用、再利用、源头减少、循环利用</td></tr>
<tr><td>环保领导型</td><td>●铁路货车车体用不锈钢材料，成功用于运煤专用火车车体，为火车提供绿色原材料支持（S1）
●客车用不锈钢材料应用于轨道客车车厢，同样降低了客车的维护成本和能源消耗（S1）
●新型高性能耐磨钢，应用于线材抛丸机制造，有效提高了设备使用率；核电不锈钢，为清洁能源发展提供原材料（S2）</td><td>产品生命周期分析、绿色原材料、绿色产品</td></tr>
</table>

续表

构念	测度变量	典型引用语举例	关键词	编码结果
制度压力感知	对环保制度的反应	• 启动循环经济，倡导清洁生产（S1） • 形成固态、气态、液态废弃物在企业内部的循环经济产业链（S2）	循环经济	制度压力较小
竞争压力感知	对市场环境的反应	• 制定发展不锈钢的产品战略（S2） • 落实高质量发展的战略方针（S2）	战略	竞争压力大
环保认知	环保态度与认识	• 变控污为循环经济（M2） • 实现环境与经济效益的统一（S2）	环境效益 经济效益	环境与经济效益统一

资料来源：作者整理。

（4）第四阶段：聚焦于污染防御型环境战略（2009～2013 年）。环境政策进一步收紧，社区压力、媒体压力、制度环境压力的加总，使环境制度重要性高于行业竞争的重要性。太钢环保部门领导提到："环保为非市场行为，解决企业生存问题。当利润与环保做权衡时，企业会选择环保以满足合法性。"公司在 2009 年将绿色发展作为企业的主要战略之一，并于 2010 年设立可持续发展工作委员会，将节能环保覆盖到企业的各级部门、贯穿于企业生产的各个环节。这期间太钢的重点工作由高质量产品研发向环保技术研发倾斜，上马了大量回收利用工程，包括 2010 年建成烧结烟气余热回收发电工程，发电过程实现废水、废气等污染物的零排放；建成国内第一套采用活性炭吸附技术对烧结烟气进行脱硫净化的装置，将净化后的二氧化硫引入制酸系统用于生产过程，降低二氧化硫排放；2013 年新建两套干熄焦装置，增加回收蒸汽的发电量；建成焦炉煤气脱硫脱氰制酸装置，每年减排二氧化硫 0.6 万吨；2011 年 11 月，太钢与美国哈斯科公司合作开展钢渣循环利用项目，使钢渣实现高效循环利用；空冷余热回收项目；分别在 2010 年 5 月和 2013 年 7 月建成投产高炉矿渣超细粉一期和二期工程，矿渣全部得以回收利用；2012 年，建成硫酸钠净化回收装置，年回收硫酸钠 2000 多吨用于生产，实现了资源的循环利用。

该阶段太钢相关的典型引用语举例及编码结果如表 5－15 所示。通过编码分析可见，太钢实施污染防御型环境战略阶段，环保实践聚焦于回收利用、再利用、源头减少、循环利用；此阶段，环保制度严格程度达到史上之最，媒体、社区对环保的关注史无前例，企业感知的制度压力倍增；与此同时，产能过剩导致的行业竞争非常激烈，企业的竞争压力倍增。遗憾的是，环保制度的进一步趋严并没有使企业的环保认知有所提升，依然停留在环境与经济效益相统一的层面。

表 5 – 15　太钢实施污染防御型环境战略阶段典型引用语举例及编码结果

构念	测度变量	典型引用语举例	关键词	编码结果
环境战略	反应型	•第二炼铁厂增加污水处理装置（S2）	污水处理、扬尘治理、拆污染设备	聚焦于污染防御型环境战略
	污染防御型	•烧结烟气余热回收发电工程，发电过程实现废水、废气等污染物的零排放；烧结烟气进行脱硫净化的装置，将净化后的二氧化硫回收制酸系统用于生产过程，降低二氧化硫排放（S2） •干熄焦装置，增加回收蒸汽的发电量；焦炉煤气脱硫脱氰制酸装置，每年减排二氧化硫 0.6 万吨（S2） •与美国哈斯科公司合作开展钢渣循环利用项目，使钢渣实现高效循环利用；空冷余热回收项目（S2） •高炉矿渣超细粉一期和二期工程，矿渣全部得以回收利用（S1） •硫酸钠净化回收装置，年回收硫酸钠 2000 多吨用于生产，实现了资源的循环利用（S2）	回收利用、再利用、源头减少、循环利用	
	环保领导型	•双相不锈钢钢筋中标珠港澳大桥，成为桥梁建设的绿色原材料（M2）	产品生命周期分析、绿色原材料、绿色产品	
制度压力感知	对环保制度的反应	•为达到国家标准，开展一系列节能减排项目（S2） •积极回应并整改社区所投诉的环境问题（M2）	达标 回应投诉	制度压力大
竞争压力感知	对市场环境的反应	•公司面对激烈竞争，向外拓市场，向内抓现场，取得较好的经济绩效（S2）	经济绩效	竞争压力较大
环保认知	环保态度与认识	•节能减排和循环经济成为公司发展方式、新的效益增长点和竞争力（M2）	竞争力	环境与经济效益统一

资料来源：作者整理。

（5）第五阶段：聚焦于环保领导型环境战略（2014～2018年）。这期间，环境保护制度的严格程度有增无减。2015年，“史上最严”环保法出台；2016年，“中央环保督察组”正式亮相，开展为期两年的环保督察。与此同时，太钢的邻居恒大名都小区二期建成，居民陆续入住，不断向环保部门投诉太钢污染问题。管理层认识到环境保护工作的长期性，加之前期的环保技术经验积累，使其在钢铁行业环保表现突出，企业“将环保作为其最重要的社会责任”，“努力实现采购绿色化，工艺装备绿色化、制造过程绿色化、产品绿色化”，具体表现为对原材料严格把关，表现为自有矿山的污染治理和增加外购矿的绿色采购；太钢有关部门通过多领域的技术创新，建成世界一流的绿色原料厂。此外，太钢将拥有的先进技术集成，加快由高新技术的获取者向创造者、输出者转变，通过工程技术公司对外输出，帮助同类企业改进工艺和流程，提升绿色发展的水平。研发成功的“冲渣水无过滤全水量通过取热工艺”和专用“冲渣水取热设备”，于2014年12月31日被国家发改委列为《国家重点节能低碳技术推广目录》，并入围国家发改委组织遴选的十大节能技术。该项技术在天铁、山西安泰、河北津西等企业20座高炉得到应用，总供暖面积达到1200万平方米。将高炉冲渣水余热回收利用技术推广至其他钢铁企业，实现绿色技术扩散。太钢有关部门就原料场封闭工作多次开展考察调研，通过多领域的技术创新，于2017年建成世界一流的绿色原料厂，粉尘排放量降低96.75%，可有效减少物料流失、降低倒运费用、改善周边环境。这期间，太钢还执行了严格的绿色采购制度。严格采购管理程序，对采购的产品按质量、环境、能源和职业健康安全要求，分A、B、C三类对供应方进行管理和评价；对确定为合格的供应方，A类每年复评一次，B类每两年复评一次。严格管理供应方队伍的评审资料和评价记录，确保了采购产品符合质量、环境、能源和职业健康安全及国家相关的法律法规要求。

该阶段太钢相关的典型引用语举例及编码结果如表5-16所示。通过编码分析可见，太钢实施了聚焦于技术输出、绿色采购、绿色产品研发的环保领导型环境战略；此时的环保制度严格程度有增无减，媒体、社区对环保的敏感程度依旧很高，企业感知的制度压力增加；与此同时，随着去产能取得初步成果，行业的局面逐步形成，企业的竞争压力有所下降。环保制度的进一步趋严使企业逐步认识到环保的重要性，环保认知提高，将环保作为企业最重要的社会责任。

表 5-16 太钢实施环保领导型环境战略阶段典型引用语举例及编码结果

构念	测度变量	典型引用语举例	关键词	编码结果
环境战略	反应型	• 建成世界一流绿色原料厂，粉尘排放量降低 96.75%，有效减少物料流失、降低倒运费用、改善周边环境（S1）	污水处理、扬尘治理、拆污染设备	聚焦于环保领导型环境战略
	污染防御型	• 电炉余热回收技术改造，吨钢回收蒸汽近百公斤，每小时节水 1000 多吨（S2） • 建 5 台饱和余热蒸汽发电机组，将炼钢和热连轧生产过程中产生的废热、余热全部回收利用（S2）	回收利用、再利用、源头减少、循环利用	
	环保领导型	• 增加外购矿的绿色采购（M2） • 将拥有的先进技术集成，加快由高新技术的获取者向创造者、输出者转变，通过工程技术公司对外输出，帮助同类企业改进工艺和流程，提升绿色发展的水平（M1）	产品生命周期分析、绿色原材料、绿色产品	
制度压力感知	对环保制度的反应	• 编制《太钢绿色发展升级版——环保实施方案》（S2） • 通过媒体宣传太钢的绿色发展（M2） • 积极回应并整改社区所投诉的环境问题（M2）	环保方案 媒体宣传 回应投诉	制度压力大
竞争压力感知	对市场环境的反应	• 以“绿色优势”占国内不锈钢市场近半壁江山（S2） • 以优异品牌撬动国际市场（M1）	国内领先 国际化	竞争压力较大
环保认知	环保态度与认识	• 将绿色发展作为自身最重要的社会责任，积极推进绿色制造、生产绿色产品、构建绿色产业、引导绿色消费（M1）	社会责任	环保作为社会责任

资料来源：作者整理。

根据 Mirabeau 等（2018）提出的诱导式和涌现式环境战略的区分，太钢在不同阶段表现出不同形式的环境战略。太钢不同阶段环境战略制定与实践工作如表 5-17 所示。从太钢案例分析来看，第一阶段，太钢初次建立环保机构和环境管理制度，开始着手进行环境污染的治理，这期间的环保工作主要是为了完成国家和省市限制项目，末端治理是太钢环保工作的重头戏，实施反应型环境战略的意图在战略制定层面表现得淋漓尽致，与重点环保项目的执行高度一致。第二阶段，太钢加速技术进步，在生产过程中减少污染物，其不仅采用先进技术降低生产过程的污染物排放，还通过引进大型化、技术化的新设备提高燃料的能耗和效率，从而间接减少废弃物的产生；与此同时，太钢高度重视工业“三废”的利用，对“三废”进行统一规划和处理。这一阶段企业的战略制定与执行也保持一致，体现为污染防御型。第三阶段，在环保方面，太钢的举措体现为变控污为循环经济。太钢初步形成了固态、气态、液态废弃物在企业内部的循环经济产业链，并未考虑联合上下游企业减少污染物排放。此阶段的绿色产品项目是没有环保领导战略这一管理意图的一致性行为涌现（Pettigrew et al.，2001；Tsoukas，2010）。第四阶段，太钢意识到生产过程的减排潜力，管理层认识到污染物源头治理的重要性，进一步推进生产过程中节能减排项目的实施，这一阶段企业战略制定与执行保持一致，体现为污染防御型。第五阶段，太钢董事长李晓波频繁提及太钢要将绿色发展作为自身最重要的社会责任，积极推进绿色制造、生产绿色产品、构建绿色产业、引导绿色消费，不断推动自身绿色发展向更高水平迈进。太钢要加快实现工艺装备绿色化、制造过程绿色化、产品绿色化，建设冶金行业循环经济和节能减排的示范工厂。这与太钢此阶段的环保领导型战略实践相吻合。

表 5－17 太钢环境战略演化不同阶段环境战略制定与实施

企业名称	阶段划分	环境战略制定	环境战略实施（重点项目）
太钢集团	聚焦于反应型（诱导式）	1978～1985 年：成立环境保护处和环境卫生处，初步着手污染治理	生产末端脱硫、磷、硅的处理；10 台动力锅炉的消烟除尘改造；拆除污染严重的小锅炉 28 台
	聚焦于污染防御型（诱导式）	1986～1999 年：成立太钢综合利用公司，由末端治理向全过程控制转变	采用顶级复合吹炼技术，转炉煤气回收技术、二次烟气处理技术；煤气洗涤水处理复用技术；烧结厂烧环冷机余热利用回收工程等

续表

	聚焦于环保领导型（涌现式）	2000～2008年：发展循环经济，形成固态、气态、液态废弃物在企业内部的循环经济产业链中	150吨的两套干熄焦装置，将回收蒸汽用于发电；成功研发汽车排气管用系列不锈钢，为汽车的轻量、环保提供材料支持；研发的双相不锈钢钢筋用于港珠澳大桥，延长桥梁寿命；研发的超超临界电站锅炉用耐热钢管，提高了发电机组的发电效率；为清洁能源——核电设备制造提供不锈钢材料
太钢集团	聚焦于污染防御型（诱导式）	2009～2013年：2009年，将绿色发展写入企业战略目标；设立可持续发展工作委员会并开展工作	高炉冲渣水余热回收利用项目；钢渣循环利用项目；空冷余热回收项目；高炉冲渣水余热回收项目；高炉矿渣超细粉工程，矿渣全部得以回收利用；硫酸钠京沪化回收装置等
	聚焦于环保领导型（诱导式）	2014～2018年：绿色环保成为企业重要的社会责任；打造绿色发展升级版，采购、生产、运输、销售全方位考虑环保	冲渣水无过滤全水量通过取热工艺和专用冲渣水取热设备等绿色技术向外输出；绿色矿山；绿色采购比例增加；清洁能源车辆运输；建成绿色原料厂；成功研发不锈钢精密带钢等绿色产品

资料来源：作者整理。

第五节　案例间分析与主要发现

一、重污染企业环境战略的演化路径

自然资源基础论从资源和能力观视角出发，认为环境战略之间可能存在路径依赖关系（Hart，1995）。具体来讲，由于环保相关资源和能力的不断积累，实施较低级环境战略的企业可能会更早追求高一级的环境战略，这一命题的前提假设是环境战略的演化路径存在从低级向高级的过渡。编码结果显示宝钢的环境战

略演化遵循由低级向高级过渡的特点（见图5－1），与Hart观点相吻合。具体来看，在环境战略第一阶段，实施侧重于末端治理的反应型环境战略，上马大量的污染物末端控制的设备和工程；第二和第三阶段，宝钢分别实施了绿色产品创新，为下游厂商提供绿色原材料的环保实践，与环保领导型战略相匹配。在产品全生命周期评价研究中，从产品的原始采购到最终销售，全产业链采用降低环境负荷的环保领导型环境战略，最终实现了环境战略从低级向高级的变革。

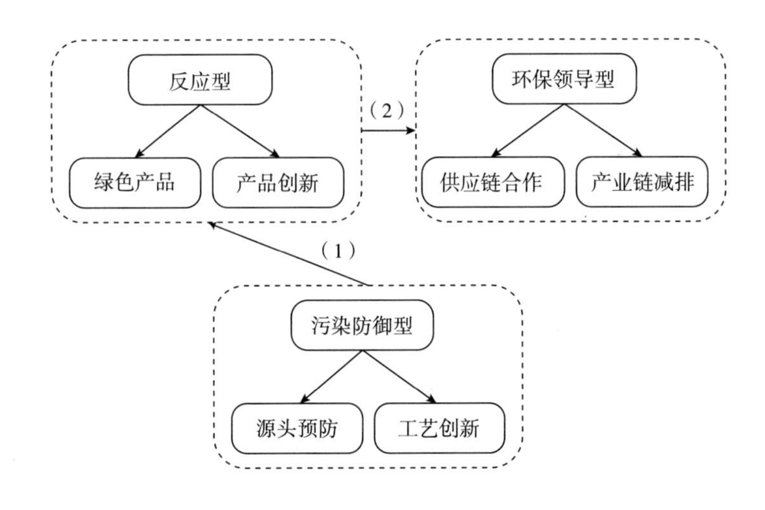

图5－1　宝钢环境战略演化路径

然而，太钢的环境战略演化路径呈现出反应型—污染防御型—环保领导型—污染防御型—环保领导型的螺旋式上升特征（见图5－2）。第一阶段，太钢的环境战略表现为被动式的反应，环保项目以末端控制为主；第二阶段，企业注重源头防御，开展重点环保项目聚焦于生产线上废弃物的回收利用、循环利用等；第三阶段，企业实施了环保领导型环境战略，侧重进行绿色产品创新，为下游厂商提供绿色原材料；第四阶段，太钢的环保实践又聚焦于生产线上废弃物的进一步回收利用、循环利用，以及生产源头的污染预防；第五阶段，企业开始积极推进绿色制造、生产绿色产品、构建绿色产业、引导绿色消费，开展全产业链的绿色环保工作。从太钢的案例来看，环境战略演化存在反复与震荡特征。基于以上分析，本书提出命题1。

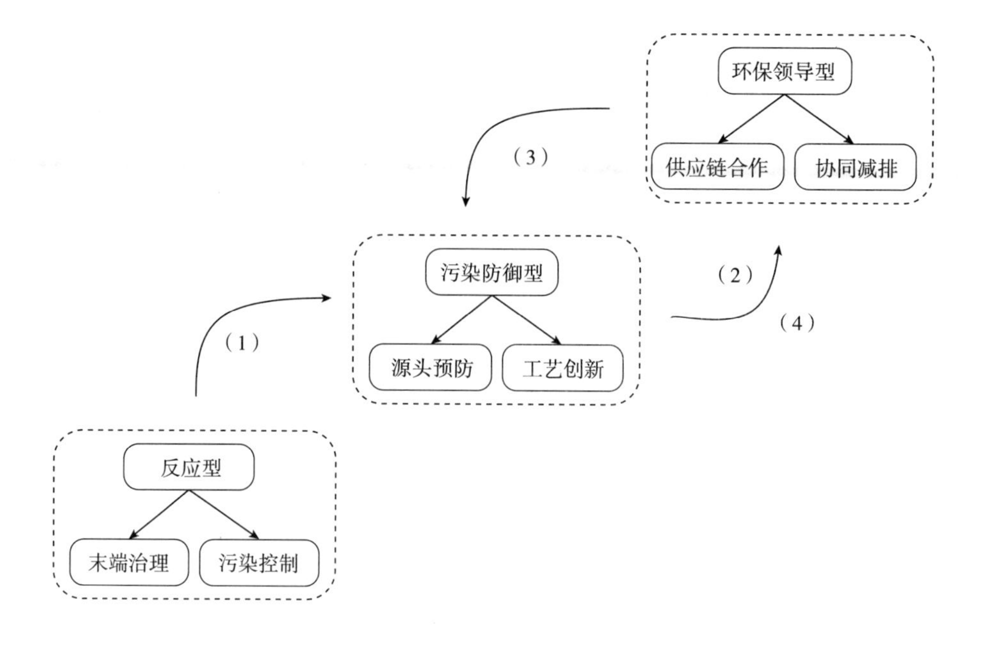

图5-2 太钢环境战略演化路径

命题1：重污染企业环境战略演化路径不仅存在从低级向高级（如反应型—污染防御型—环保领导型）的动态变化，还可能出现反复震荡情形（如反应型—污染防御型—环保领导型—污染防御型—环保领导型）。

二、制度压力与重污染企业诱导式环境战略演化

环境决定（Hannan and Freeman，1977；DiMaggio and Powell，1983）和管理选择（Child，1972；Peng，2003；Chia and Holt，2009）是企业战略选择的两大驱动机制。因此，企业环境战略选择由外部制度压力与管理者环保认知的共同作用所决定（Sharma，2000）。已有文献多基于环境规制与管理认知视角（彭长桂、吕源，2016），以静态形式开展环境战略相关研究（Murillo - Luna et al.，2008）。从环境规制出发，环境战略制定不仅受环保法律法规、管制措施、绿色金融政策等正式规制制约（Winter and May，2010），与环保组织、消费者、供应商等利益相关者施加的非正式制度压力也存在密不可分的关系（Reid and Toffel，2009；Bey et al.，2013）。基于认知理论，学者们分析了企业环境战略选择的微观认知

基础（Weber and Mayer，2014），认为决策者的环保认知对企业的战略选择影响深远（Kaplan，2008）。当组织管理者将环境问题解释为机会的程度越高，企业实施前瞻型环境战略的可能性越大；相反，组织管理者将环境问题解释为威胁，则实施反应型环境战略的可能性更大（Sharma，2000）。以往研究仅从静态视角分析，并未考虑制度压力与管理者环保认知能力会随时间发生改变。事实上，环境规制呈现主体多元化、工具综合化以及强度加大化等特征（胡元林、康炫，2017），企业所面临的制度压力会经历从低级到高级的转变，管理者的环保认知也会随着制度压力以及环保工作经验的积累发生变化，逐步将环保问题解释为对企业的威胁转为机会和责任（Sharma et al.，1999），推动企业诱导式环境战略演化（Tripsas and Gavetti，2000）。

在企业案例中，1978～1985 年，我国企业的环境制度开始萌芽，1979 年颁布的《环境保护法》标志着我国的环保工作开始迈上法制轨道，此时太钢管理者的环保认知能力相对淡薄，这期间环保工作主要是为了完成国家和省市限制项目，将环境保护的投入作为降低企业财务绩效的成本，环保工作成为威胁企业发展的因素。这种情境下，太钢的环境战略表现为被动式的反应，环保项目以末端控制为主。1985～1999 年，随着对环境保护的深入认知，我国政府摒弃了先污染后治理的老路，在第二次环境保护工作会议中制定了经济效益、社会效益、环境效益相统一的战略方针，宝钢在此种制度环境背景下开始投入运营，高度重视企业的环保工作，在设计之初便引入国外先进的节能技术设备，开发环保技术，将企业的环境和经济发展相统一；太钢作为国有企业，积极响应政府号召，加之前期的经验积累，对环保工作有了一定认识，明确提出实现经济效益与环境效益统一的战略目标，兼具市场性与非市场性，将企业的经济目标和社会目标统一起来指引行动者互动（Bowen et al.，2010），开展的重点环保项目则聚焦于生产线上废弃物的回收利用、循环利用等。进入 2009 年，我国认识到环境问题的严重性，中央和各级地方政府所采取的污染治理力度之大、政策出台频度之密、执法监察尺度之严、污染曝光渠道之广史无前例。宝钢的环保意识有了质的飞跃，将企业环保作为最重要的社会责任，并通过绿色采购倒逼上游供应商环保，生产绿色产品促进合作伙伴在节能环保管理和绩效方面的持续改进，然而太钢的环保意识依然停留在经济效益与环境效益可以有效统一上，开展的重点环保项目则聚焦于生产线上废弃物的进一步回收利用、循环利用，以及生产源头的污染预防。在2014年之后，环境制度严苛程度有增无减，太钢管理层的环保认知有了本质提升，具体表现为太钢要将绿色发展作为自身最重要的社会责任，积极推进绿色制造、生产绿色产品、构建绿色产业、引导绿色消费，不断推动自身绿色发展向更高水平迈进。基于以上分析，随着制度压力的不断加强，企业管理层的环保认知由环境效益和经济效益相悖到环境效益和经济效益统一，最终变为将环境保护作为企业的社会责任，协同上下游节能减排，从而推动重污染企业环境战略演化，如图5－3所示。因此，我们提出命题2。

图5－3 重污染企业诱导式环境战略演化动力

命题2：伴随制度压力不断加强，导致企业管理层环保认知不断升级，推动重污染企业诱导式环境战略演化。

三、制度压力、竞争压力与重污染企业涌现式环境战略形成

当市场环境和行业环境波动大，处于动荡期，涌现形式的战略更易发生（Garud and Van de Ven，2002）。李自杰等（2011）指出当环境变化非常迅速且难以预料时，企业容易发生战略突变。2000年伊始，太钢和宝钢处于相对宽松的环保制度环境中，市场竞争环境却不容乐观，钢铁行业竞争日益加剧，外资钢铁企业大量涌入国内市场，宝钢和太钢的产品竞争力持续下降。当企业所感知的竞争压力高于制度压力时，会相对放松在环保方面的投入，如何获取竞争优势成为企业所思考的重要战略。宝钢环境战略演化的第二阶段，企业的发展战略定位于成为全世界一流的钢铁企业，成为钢铁行业的领导者，在此背景下，企业大力研发高质量产品，与此同时，企业响应政府号召，发展循环经济，开展清洁生产，充分利用生产过程的废物，通过高质量产品与循环经济的共同作用，宝钢在2000～2007年聚焦于开发节能绿色产品，无形中为下游厂商提供了绿色原材料。同样地，太钢环境战略发展的第三阶段，太钢董事长明确提出质量事关太钢生死

存亡，为了提高质量，我们牺牲些产量也是值得的，即“质量兴企业”的价值观，“废物是放错地方的资源，是资源就要充分利用起来”。通过循环经济、不锈钢产品的战略选择与高质量产品的协同作用，太钢在2000～2008年的重点项目是开发核心产品，涌现出具有寿命长、强度高、重量轻、可百分之百回收等特征的绿色环保材料，这是实施其他战略所达到的意外效果，为企业在绿色环保战略的升级打下重要基础。

因此，当环境变化在较短时间里保持相对的连续性和稳定性时，环境战略演化路径一般表现为由低级向高级过渡的形式。然而，当外部制度环境相对稳定，市场环境变化非常迅速且难以预料，管理层的环保认知相对较低时，环保领导型环境战略以涌现形式呈现。比如宝钢环境战略演化的第二阶段和太钢环境战略演化的第三阶段，外部的制定压力与前一阶段保持一致，管理层的环保认知停留在环保效益与经济效益相统一的较低层级，致使企业制定污染防御型环境战略，然而在企业所处市场环境竞争激烈，竞争压力高于制度压力时，导致企业生产出大量高质量产品，成为下游供应商的绿色原材料。这时企业高层制定的污染防御型环境战略与以跨企业边界的协同环保实践不相符，重污染企业容易形成涌现式环境战略。涌现式环境战略的出现打破环境战略由低级向高级过渡的特征，可能呈现出“污染防御型—反应型—污染防御型”或“环保领导型—污染防御型—环保领导型”等震荡形式，也可能呈现出“污染防御型—反应型—环保领导型”等倒退跳跃形式。表5－18归纳总结出重污染企业涌现式环境战略的形成条件。基于以上分析，我们提出命题3。

表5－18　重污染企业涌现式环境战略的形成条件

环境战略阶段	反应型（诱导式）	污染防御型（诱导式）	环保领导型（涌现式）	污染防御型（诱导式）	环保领导型（诱导式）
竞争压力	市场需求大，似完全竞争市场	行业规模扩大，竞争显现	外商入驻国内市场，竞争激烈	行业产能过剩，行业格局初步形成，竞争较激烈	
制度压力	环保政策、污染物排放标准出台	环保政策更严格、污染物排放标准收紧		利用环保约束治理钢铁产能过剩，社区、媒体关注企业环保	

续表

环境战略阶段	反应型（诱导式）	污染防御型（诱导式）	环保领导型（涌现式）	污染防御型（诱导式）	环保领导型（诱导式）
压力感知	制度压力高于竞争压力	制度压力高于竞争压力	竞争压力高于制度压力	制度压力高于竞争压力	制度压力高于竞争压力
环保认知	环境与财务绩效相悖	环境与经济效益统一			环保是企业最重要的社会责任

注：此表将宝钢和太钢的环境战略相结合，全程包含太钢的环境战略演化过程，其中前一种诱导式污染防御型以及两种环保领导型的战略类型是宝钢的环境战略演化过程。

资料来源：作者整理。

命题3：当竞争压力高于制度压力，且环保认知相对较低时，涌现形式环境战略更容易形成，从而改变重污染企业环境战略演化方向。

四、基于制度压力的重污染企业环境战略演化驱动机制

制度理论认为企业为了生存，有时需要放弃效率来获得合法性。重污染企业面临的环保制度压力涉及企业的生存问题，因此污染问题使企业必须从战略上予以回应并采取措施。企业所处制度环境压力的加强迫使企业管理者提高自身的环保认知能力，最终驱动企业的环境战略演化。从宝钢环境战略演化的第一、第三阶段，以及太钢环境战略演化的第一、第二、第四和第五阶段来看，企业的制度压力不断升级，导致管理者的环保认知也完成了由环境绩效和经济绩效的相悖到将绿色环保作为企业最重要的社会责任的过渡，最终决定了企业的环境战略的演化。

企业战略选择取决于外部压力的相对力量（Ashforth and Reingen，2014），满足特定条件时某一战略才会成为首选（魏江、王诗翔，2017）。当企业在某一阶段解决生存问题后，面对突如其来的市场竞争压力，可能会形成涌现式环境战略，从而改变环境战略的演化方向。2000～2009年，我国的环保制度尽管进入大规模治理阶段，然而企业感知的制度压力并未明显增强，管理层的环保认知也停留在环境与经济效益相统一的观念上，因此管理层制定的环境战略依然侧重于生产过程的污染物治理、清洁生产。真正给企业带来威胁的是国内钢铁市场的竞争加剧以及国外知名钢铁企业的进驻，企业感知的竞争压力陡然上升。太钢和宝

钢不约而同地提高产品质量，研发、生产大量绿色节能产品，提高自身竞争优势。从环保角度来看，两家企业生产的绿色产品为下游厂商提供了绿色原材料，形成涌现式环保领导型环境战略。

由此可见，诱导式环境战略形成遵从制度压力—环保认知—战略形成的理论逻辑，前提是市场环境的竞争程度不高于制度环境中的规制强度；当竞争程度超出环境规制强度，且企业管理者的环保认知相对较低时，涌现式环境战略更易形成。

总体来看，本章围绕“制度压力下重污染企业如何实现环境战略转型升级”这一核心问题，试图通过阐释宝钢股份和太钢集团的环境战略演化过程及其动力来回答。这其中涉及环境战略形成与演化的路径，制度压力与诱导式环境战略演化，以及制度压力、竞争压力与涌现式环境战略的形成，最终确定环境战略演化的驱动机制。通过以上分析，提出了一个整合重污染企业环境战略演化驱动机制的理论框架（见图5－4）。

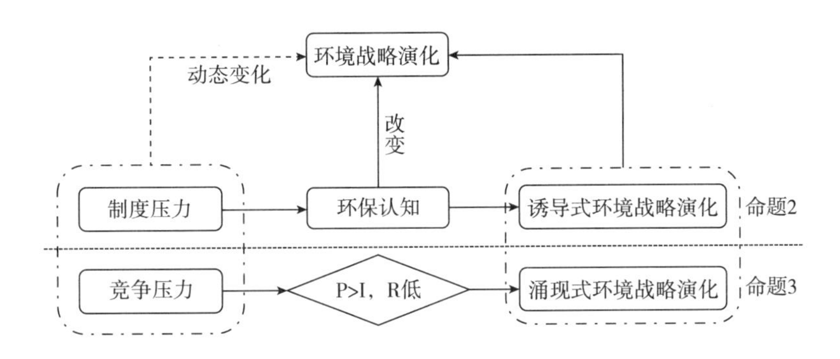

图5－4　重污染企业环境战略演化驱动机制

注：图中P代表竞争压力，I代表制度压力，R代表环保认知。P＞I表示在重污染企业外部环境中，市场压力高于制度压力；R低则表示企业管理层的环保认知相对较低。

第六节　案例研究贡献

以往文献在环境战略、战略演化等理论方面做了很多有价值的探讨。已有研究证实，重污染企业开展积极的环境战略是实现可持续发展的基石（Sharma and Vredenburg，1998），但企业环境战略由被动向主动转型升级的途径及其背后的决策逻辑未得到充分研究。有学者剖析了环境战略由低级向高级过渡的理论设想（Hart，1995）。本书结论却发现重污染企业环境战略演化路径的螺旋上升特质，即企业环境战略可能出现“污染防御型—环保领导型—污染防御型—环保领导型”的短期震荡现象。在此基础上，本书还补充了目前理论界对诱导式和涌现式环境战略形成条件的解释，进而挖掘出重污染企业环境战略演化路径呈螺旋上升的深层次原因，扩展了环境战略演化的相关研究。主要贡献有以下三个方面：

（1）丰富了环境战略动态演化路径的研究。已有研究多以静态形式剖析环境战略选择机制（Murillo – Luna et al.，2008），基于动态分析视角，Hart（1995）在自然资源基础观中提出环境战略间的路径依赖特征，成为环境战略演化研究的雏形。但该文献仅从理论视角剖析了环境战略的类型及其演化的可能性，并未对其形成与演化过程进行系统解析。通过对太钢集团的纵向案例研究，分析得出环境战略演化的五阶段过程模型，揭示了重污染企业环境战略演化路径。研究结论与 Hart（1995）从资源能力视角出发，提出环境战略由低级向高级过渡的理论设想有所不同，本书基于制度压力、竞争压力与管理层环保认知视角，发现环境战略演化可能呈现出螺旋上升特征，并给出了合理解释。此外，环境战略演化所呈现出的螺旋式上升特征是一个辩证的过程，在一定程度上验证了事物发展过程的前进性与曲折性。

（2）深化了环境战略演化动力的理论认知。已有研究发现，企业环境战略选择主要受制于制度压力和管理者环保认知，并未进行纵向动态的描述，仅仅是建立起制度压力、管理者环保认知和重污染企业的环境战略选择的静态关系。本书关注制度压力和管理者环保认知的动态变化所引发的环境战略改变，拓展了环境战略演化动力的新思路。

（3）以往文献多遵从管理学研究中“动因—行动—结果”的普适逻辑，强调环境决定、管理选择与战略演化的线性因果关系（Tsoukas，2010）；也有学者尝试探究机会、选择与战略演化的非线性关系（Thictart，2016），但并未对非线性关系的原因进行深入探索。本书发现制度压力与竞争压力的不断变化，使企业感知到外部压力此消彼长，形成了涌现式环境战略，从而改变了重污染企业环境

战略演化方向。这一结论为我国重污染企业如何在复杂且动态变化的市场和制度环境中有效实现绿色转型提供了新的解释，并对战略演化理论的内容进行了适当补充。

本章小结

本章围绕“制度压力下重污染企业如何实现环境战略转型升级”这一核心问题，试图对重污染企业环境战略演化进行研究。通过对宝钢和太钢 1978～2018 年的纵向案例研究，剖析了企业环境战略形成与演化的路径及其动力，从而揭示了重污染企业环境战略选择的动态过程。研究发现：企业环境战略演化路径不仅可以呈现出由低级向高级过渡的变化特点，还可以呈现出“反应型—污染防御型—环保领导型—污染防御型—环保领导型”的螺旋上升特征；重污染企业的环境战略演化驱动力主要来源于外部制度环境与市场环境的不断改变以及企业管理层的环保认知变化。此外，环境战略演化过程中存在诱导式和涌现式两种不同形式；诱导式环境战略形成遵从制度压力变化—环保认知改变—环境战略演化的理论逻辑，即伴随制度压力不断加强，导致企业管理层环保认知不断升级，推动重污染企业诱导式环境战略演化；当竞争压力高于制度压力，且企业管理者的环保认知相对较低时，涌现式环境战略更易形成，涌现式环境战略的形成可能会改变重污染企业环境战略的演化方向。本章试图通过分析重污染企业环境战略的动态变化为战略演化理论做适当补充，为企业绿色转型升级提供思路和启示。

第六章　结论与政策建议

第一节　主要结论

在制度压力日趋严格的背景下，企业环境战略选择问题一直备受关注。从静态和动态视角出发，企业环境战略选择衍生出两大基本问题：一是制度压力下重污染企业的异质性战略选择问题，二是制度压力下重污染企业如何实现环境战略转型升级，即企业环境战略演化问题。本书从上市公司社会责任报告、企业官网手工搜集环境战略数据，以及从国泰安数据库整理的重污染行业上市公司其他相关数据，构建多项 Logit 模型，对制度压力（政策压力、监管压力和公众压力）与企业环境战略选择的关系以及企业组织冗余、资产专有性与所处生命周期不同阶段对两者关系的差异化影响进行了实证研究。进一步地，考虑到环境战略选择的动态性，以钢铁企业为例，利用探索性纵向双案例研究，对宝钢股份和太钢集团的环境战略变革过程进行系统、全面的剖析，揭示重污染企业环境战略演化路径及其动力，从而建立较为完整的环境战略演化动力理论模型。主要研究结论如下：

（1）不同制度压力对重污染企业的环境战略选择有不同程度的影响。具体地，政府政策压力对企业选择积极的环境战略有显著正向影响（$\beta=0.310$，$p<0.05$），政策压力越大，企业越可能采取环保领导型环境战略；监管压力和公众

压力对企业选择反应型环境战略的作用显著为负（β = -0.0437，p<0.05；β = -0.0035，p<0.05），则随着监管压力，或是公众压力的不断增强，企业会越来越排斥反应型环境战略，但对污染防御型和环保领导型战略的选择并无差异，即企业并不会由于监管、公众压力的增加而增加环保领导型环境战略的选择概率。这与多数学者提出的外部环境压力越大企业的环境战略越积极的研究结论不同（Menguc et al.，2010），监管或公众压力的增加并不能激励企业向环保领导型战略迈进，这一结论有利于对政府制定相关环保政策提供合理借鉴。

（2）从资源特征视角出发，组织冗余和资产专有性对制度压力引发的企业环境战略响应存在显著差异。由实证结果可以看出，重污染企业组织冗余与政策压力、监管压力和公众压力的交互项系数分别为0.00021（p<0.01）、0.0005（p<0.01）和0.002（p<0.1），则企业组织冗余正向调节政策压力和监管压力对重污染企业的环境战略选择影响显著，但对公众压力与环境战略关系的调节效应不显著。重污染企业资产专有性与政策压力、监管压力和公众压力的交互项系数分别为0.0034（p<0.05）、0.00398（p<0.1）和0.00129（p<0.1），则企业资产专有性越强，制度压力对重污染企业的环境战略选择越积极。考虑企业资源冗余和专有性两个典型特征，研究环境制度压力对企业环境战略的异质性响应，深化了制度同构下重污染企业的环境战略异质性选择研究。

（3）处于生命周期不同阶段的企业对制度压力引发的环境战略响应存在显著差异。控制其他影响企业环境战略的变量，政策压力、监管压力以及公众压力越大，成熟期企业越倾向于选择环保领导型环境战略；处于初创成长期的企业会随着政策压力的增加而倾向于选择污染防御型环境战略，公众压力越大，则选择反应型战略的概率相对越低；衰退期企业会随着政府在环保政策和监管方面的不断施压，偏好污染防御型环境战略，但对公众压力并不敏感。从企业生命周期理论出发，研究企业对环境制度压力的异质性响应，细化了不同发展时期企业的环境战略选择，在一定程度上丰富了环境规制与企业环境战略关系的文献研究。

（4）从动态视角来看，重污染企业环境战略演化路径存在多种可能。在对我国环境战略类型和内涵界定清晰的基础之上，发现宝钢的环保实践遵循从低级向高级的过渡。太钢环保实践在整体趋势上，由第一阶段被动的污染物末端治理，过渡为污染物源头防御的环境战略，最终形成联合上下游等相关企业协同减排的环保领导型战略。然而，环境战略演化局部却出现了污染防御型—环保领导型—污染防御型—环保领导型的反复现象。因此，企业的环境战略演化呈现出螺旋式上升形式。这与 Hart（1995）从企业内部资源能力视角出发，提出环境战略由低级向高级过渡的理论设想有所不同，本书聚焦于外部环境与管理层环保认知差异给出了合理解释。此外，环境战略演化所呈现出的螺旋式上升特征是一个辩证的过程，在一定程度上验证了事物发展过程的前进性与曲折性。

（5）制度压力的变化驱动重污染企业诱导式环境战略演化。诱导形式环境战略演化满足“制度压力变化—环保认知改变—环境战略演化”的理论框架。伴随时间的推移，环境规制呈现主体多元化、工具综合化以及强度加大化等特征（胡元林、康炫，2017），企业所面临的制度压力会经历从弱到强的转变，迫使企业管理者环保认知升级，即企业管理层将环保问题解释为对企业的威胁逐步转为机会，以及自身的社会责任（Sharma et al.，1999），最终推动重污染企业诱导式环境战略演化。这一结论遵从管理学研究中“动因—行动—结果”的普适逻辑，强调环境决定、管理选择与战略形成的线性因果关系（Tsoukas，2010）。

（6）当竞争压力高于制度压力，且环保认知相对较低时，涌现形式环境战略更容易形成，从而改变重污染企业环境战略演化方向。多数情况下，企业管理者的环境战略意图明确，并且战略的制定与实施高度吻合，战略形成以诱导式为主。但是，企业也会出现环境战略制定与环保实践不一致的状况，比如宝钢环境战略演化的第二阶段和太钢环境战略演化的第三阶段，企业高层制定的污染防御型环境战略与以跨企业边界的协同环保实践不相符，环保领导型环境战略以涌现形式呈现。以往研究将涌现式的战略形成归因于外部环境的不稳定（Eisenhardt，2000；Garud and Van de Ven，2002；李自杰，2011），本书结合企业环境战略对制度环境依赖性更强这一特征，将外部环境中的制度环境和市场环境作进一步区分，从竞争压力与制度压力的不断变化，深入剖析涌现式环境战略的形成，从而为环境战略演化提供新的研究视角。

第二节 实践启示

结合研究结论提出的不同制度压力对重污染企业环境战略选择有不同影响，企业资源特征与所处生命周期阶段的差异对企业应对制度压力存在异质性，企业环境战略演化路径和驱动力，以及我国重污染行业面临的环保困境，提出六个针对性的政策建议。

（1）完善环境监管与政策激励机制，积极推进环境治理方面的市场经济型政策实施。首先，充分发挥政府监管、公众监督的作用，倒逼企业污染源头防治。具体而言，中央完善环境治理经济政策的顶层设计，地方围绕中央政策方针，立足于区域污染现状，制定适合本地区绿色发展的政策措施，如治污的超低排放补贴、碳排放交易等；并且，政府应将环保督查作为一项常态化的环境管理制度，通过不断增加督查频次、加大督查力度和曝光度，正确引导和提倡全民参与污染监督工作。中央环保督察与地方环保督查交替行动，互为补充，降低企业违规排放的侥幸心理和机会主义行为，迫使企业重视污染物的源头治理。与此同时，鼓励公众采用环保投诉等方式参与到监督活动中来，并对群众的反馈及时做出响应，使公众监督真正发挥作用。其次，来自政府的政策压力是企业选择环保领导型战略的有力推手，政府可适当增加激励型环保政策的数量，通过发动部分企业采取环保领导型战略，使其带动供应链及相关企业协同减排，促进环保工作从点到线到面的协同。总体来看，制度激励与压力应双管齐下，共同推进重污染企业可持续发展。

（2）建议组织冗余丰富的企业将资源向环境治理方面倾斜和调配。面对越来越严格的环保制度要求，企业采取各种方式回应制度压力，对于组织冗余较多的企业，可以通过将冗余资源向环保方面进行配置，从而实现环境战略升级，以缓解外部压力给企业造成的冲击。此外，若企业的资产专有性程度高，应实施相对积极的环境战略，避免环保敏感的外部利益相关者采取撤资等手段，使企业遭受损失，威胁企业生存。对于冗余资源较少的企业，应适当增加和充分利用冗余资源。在环境动荡时期，组织冗余作为一种应对环境变化的缓冲器，不仅可以有效避免企业核心技术受到环境变动冲击，而且有利于企业增加战略选择机会。现阶段，外部环保压力要求企业环境战略符合制度要求，建议企业管理者将注意力转移至企业的冗余资源，并合理利用。

（3）针对所处生命周期不同阶段的重污染企业制定分类规制政策。处于不同发展阶段的企业对环境规制的敏感度不同，政府实施规制的侧重点也应存在差异。对于初创成长期和衰退期企业，政府要侧重监管和公众监督，通过增加对此类企业的督查频次，加大督查力度，以防止企业末端污染，倒逼企业在生产过程中从源头预防；对处于成熟期的企业，政府应制定更多激励性质的环保政策，鼓励企业选择环保领导型战略，协同上下游企业降低污染物排放，进而推动绿色供应链，甚至绿色网络的建立。

（4）重污染企业需客观对待环境战略演化路径可能存在的曲折性。企业环境战略实施过程并非简单地由低级向高级过渡，偶尔出现短期倒退或反复现象。当企业环境战略制定与实施不匹配时，涌现式环境战略易形成，或许打破环境战略由反应型—污染防御型—环保领导型的转型过程。

（5）重污染企业环境战略的制定和实施过程要同时考虑外部制度压力与竞争压力。一方面，企业需正视制度环境为其施加的多重制度压力。毋庸置疑，政府政策、监管手段的多样性和严格性对重污染企业绿色转型起到推动作用，舆论压力尤其是社区投诉等非正式制度压力对企业环境战略升级同样至关重要。另一方面，重污染企业所处的外部竞争环境为其绿色转型带来机会。当行业竞争激烈程度高于环境规制强度时，研发生产绿色高质量产品成为企业获取竞争优势的重要途径，也为企业的绿色发展奠定基础。

（6）重污染企业环境战略转型升级离不开管理者的环保认知提升。现阶段我国多数重污染企业管理者仍停留在环境与经济效益统一，甚至环境与经济绩效相悖的环保认知层面，将环境保护作为企业最重要的社会责任，有助于企业污染物的源头防御，倒逼上游企业、助推下游企业绿色转型。

第三节　研究局限与展望

虽然本书相对较好地回答了制度压力下重污染企业环境战略选择问题，但不可避免地存在一定的局限性，有待未来研究进一步考虑并解决。

首先，研究使用截面数据而非纵向追踪的面板数据进行实证检验，可能影响结论的有效性。制度环境处于动态变化中，企业的环境战略也会随之改变，本书并未剖析制度环境变化引起的战略选择差异，影响了深度的理论与实践研究。

其次，制度环境与企业环境战略之间的内生性问题尚未解决。企业环境战略选择受限于制度环境，也可能影响制度环境，两者互为因果。然而，截面数据使我们无法利用引入滞后期的方法进行处理；此外，影响制度环境的前置因素少之又少，导致工具变量选取难度过大，这也是内生性问题未解决的重要原因，有待后续研究继续探索。

再次，尽管双案例研究为企业环境战略演化带来新的见解和观点，但研究结论的概念化仍需谨慎对待。不同企业的环境战略演化路径存在差异，除了书中两家企业的两种环境战略演化形式，还包括反应型—污染防御型—环保领导型的常规形式或污染防御型—环保领导型—污染防御型—环保领导型的震荡形式等有待学者去研究。此外，考虑案例研究中数据可得性原则，本书选取的两家案例企业均为国有企业，其结论对其他企业是否适用有待进一步探索。

最后，环境战略异质性选择的研究视角和环境战略演化理论框架均有待拓展。除了本书中提到的资源特征和企业生命周期阶段对重污染企业的环境战略异质性选择产生影响之外，可能还存在其他一些影响机制尚需探究，如企业管理层的相机决策权以及其社会责任感知等。此外，关于重污染企业环境战略演化过程中的触发—响应机制，环境战略与制度环境以及环境管理能力、环保技术能力的协同演化等研究仍有进一步探索的潜力。这些相关研究有助于学术界对环境战略的理论探索，丰富环境战略研究的学术价值。

参考文献

［1］毕茜，顾立盟，张济建．传统文化、环境制度与企业环境信息披露［J］．会计研究，2015（3）：12－19.

［2］陈佳贵．关于企业生命周期与企业蜕变的探讨［J］．中国工业经济，1995（11）：5－13.

［3］陈强．高级计量经济学及 Stata 应用（第二版）［M］．北京：高等教育出版社，2014.

［4］程巧莲，田也壮．中国制造企业环境战略、环境绩效与经济绩效的关系研究［J］．中国人口·资源与环境，2012，22（11）：116－118.

［5］达尔文．物种起源［M］．北京：科学出版社，1972.

［6］杜传忠，郭树龙．经济转轨期中国企业成长的影响因素及其机理分析［J］．中国工业经济，2012（11）：97－109.

［7］杜运周，张玉利．新创企业死亡率的理论脉络综述与合法化成长研究展望［J］．科学学与科学技术管理，2009（5）：136－142.

［8］方润生，王长林．组织冗余理论研究综述［J］．中原工学院学报，2008，19（3）：13－18.

［9］冯永春，崔连广，张海军，等．制造商如何开发有效的用户解决方案？［J］．管理世界，2016（10）：150－173.

［10］巩天雷，张勇，赵领娣．生态能力与企业环境战略选择机制相关性研究［J］．环境保护，2008（16）：58－60.

［11］胡珺，王红建，宋献中．企业慈善捐赠具有战略效应吗？——基于产

品市场竞争的视角［J］．审计与经济研究，2017（4）：83－92.

［12］胡元林，康炫．环境规制下企业实施主动型环境战略的动因与阻力研究——基于重污染企业的问卷调查［J］．资源开发与市场，2016（2）：151－155.

［13］黄宏斌，翟淑萍，陈静楠．企业生命周期、融资方式与融资约束——基于投资者情绪调节效应的研究［J］．金融研究，2016（7）：96－112.

［14］吉利，苏朦．企业环境成本内部化动因：合规还是利益？——来自重污染行业上市公司的经验证据［J］．会计研究，2016（11）：69－75.

［15］杰弗里·M. 伍德里奇．计量经济学导论现代观点（第五版）［M］．北京：中国人民大学出版社，2015.

［16］金永生，李吉音，李朝辉．网络导向、价值共创与新创企业绩效—制度环境与企业发展阶段的调节［J］．北京理工大学学报（社会科学版），2017，19（6）：70－78.

［17］拉马克．动物哲学［M］．北京：商务印书馆，1936.

［18］李建发，张津津，张国清，等．基于制度理论的政府会计准则执行机制研究［J］．会计研究，2017（2）：3－13.

［19］李庆华，叶思荣，李春生．企业战略演化观的理论基础及其作用研究［J］．技术经济，2006（10）：78－83.

［20］李自杰，李毅，刘畅．制度环境与合资企业战略突变：基于788家中小中外合资企业的实证研究［J］．管理世界，2011（10）：84－93.

［21］林泉，邓朝晖，朱彩荣．国有与民营企业使命陈述的对比研究［J］．管理世界，2010（9）：116－122.

［22］吕俊，焦淑艳．环境披露、环境绩效和财务绩效关系的实证研究［J］．山西财经大学学报，2011（1）：109－116.

［23］罗党论，赖再洪．重污染企业投资与地方官员晋升——基于地级市1999～2010年数据的经验证据［J］．会计研究，2016（4）：42－48.

［24］罗珉．企业战略行为研究述评［J］．外国经济与管理，2012（5）：35－44.

［25］马中东，陈莹．环境规制、企业环境战略与企业竞争力分析［J］．科

技管理研究，2010，30（7）：99－101.

［26］聂辉华，江艇，杨汝岱．中国工业企业数据库的使用现状和潜在问题［J］．世界经济，2012（5）：142－158.

［27］潘楚林，田虹．利益相关者压力、企业环境伦理与前瞻型环境战略［J］．管理科学，2016，29（3）：38－48.

［28］彭长桂，吕源．制度如何选择：谷歌与苹果案例的话语分析［J］．管理世界，2016（2）：149－169.

［29］彭新敏，郑素丽，吴晓波，等．后发企业如何从追赶到前沿？——双元性学习的视角［J］．管理世界，2017（2）：142－158.

［30］钱锡红，徐万里，李孔岳．企业家三维关系网络与企业成长研究——基于珠三角私营企业的实证［J］．中国工业经济，2009（1）：87－97.

［31］曲格平．中国环境保护四十年回顾及思考（回顾篇）［J］．中国环境管理干部学院学报，2013（3）：10－17.

［32］沈洪涛，冯杰．舆论监督、政府监管与企业环境信息披露［J］．会计研究，2012（2）：72－78.

［33］沈洪涛，黄珍，郭肪汝．告白还是辩白——企业环境表现与环境信息披露关系研究［J］．南开管理评论，2014，17（2）：56－63.

［34］石军伟，胡立君，付海艳．企业社会资本的功效结构：基于中国上市公司的实证研究［J］．中国工业经济，2007（2）：84－93.

［35］孙宝连，綦振法，王心娟．企业主动绿色管理战略驱动力研究［J］．华东经济管理，2009（10）：76－80.

［36］王炳成．企业生命周期研究述评［J］．技术经济与管理研究，2011（4）：52－55.

［37］王书斌，徐盈之．环境规制与雾霾脱钩效应——基于企业投资偏好的视角［J］．中国工业经济，2015（4）：18－30.

［38］王婷．企业环境战略影响因素研究——基于文献综述的视角［J］．兰州工业学院学报，2017（1）：105－109.

［39］王曾，符国群，黄丹阳，等．国有企业CEO“政治晋升”与“在职消费”关系研究［J］．管理世界，2014（5）：157－171.

［40］魏江，王诗翔．从“反应”到“前摄”：万向在美国的合法性战略演化（1994～2015）［J］．管理世界，2017（8）：136－153.

［41］吴先明，张楠，赵奇伟．工资扭曲、种群密度与企业成长：基于企业生命周期的动态分析［J］．中国工业经济，2017（10）：137－155.

［42］肖建强，孙黎，罗肖依．“战略即实践”学派述评——兼与“知行合一”观对话［J］．外国经济与管理，2018（3）：3－19.

［43］邢小强，葛沪飞，仝允桓．社会嵌入与BOP网络演化：一个纵向案例研究［J］．管理世界，2015（10）：160－173.

［44］徐建中，贯君，林艳．制度压力、高管环保意识与企业绿色创新实践——基于新制度主义理论和高阶理论视角［J］．管理评论，2017，29（9）：72－83.

［45］许强，张力维，杨静．复合基础观视角下后发企业战略变革的过程——基于纳爱斯集团的案例分析［J］．外国经济与管理，2018，40（7）：19－31.

［46］薛求知，伊晟．环境战略、经营战略与企业绩效——基于战略匹配视角的分析［J］．经济与管理研究，2014（10）：99－108.

［47］杨博琼，陈建国．FDI对东道国环境污染影响的实证研究——基于我国省际面板数据的分析［J］．国际贸易问题，2011（3）：110－123.

［48］杨德锋，杨建华．企业环境战略研究前沿探析［J］．外国经济与管理，2009（9）：29－37.

［49］杨瑞龙，王元，聂辉华．“准官员”的晋升机制：来自中国央企的证据［J］．管理世界，2013（3）：1－15.

［50］杨艳，邓乐，陈收．企业生命周期、政治关联与并购策略［J］．管理评论，2014，26（10）：152－159.

［51］杨洋，魏江，罗来军．谁在利用政府补贴进行创新？——所有制和要素市场扭曲的联合调节效应［J］．管理世界，2015（1）：75－86.

［52］尹珏林．企业社会责任前置因素及其作用机制研究［D］．天津：南开大学博士学位论文，2010.

［53］余长林，高宏建．环境管制对中国环境污染的影响——基于隐性经济

的视角［J］．中国工业经济，2015（7）：21－35.

［54］张钢，张小军．基于计划行为理论的绿色创新战略影响因素分析［J］．商业经济与管理，2013（7）：47－56.

［55］张海姣，曹芳萍．竞争型绿色管理战略构建——基于绿色管理与竞争优势的实证研究［J］．科技进步与对策，2013（9）：96－100.

［56］张台秋，杨静，施建军．绿色战略动因与权变因素研究——基于转型经济情境［J］．生态经济，2012（6）：28－33.

［57］张霞，毛基业．国内企业管理案例研究的进展回顾与改进步骤——中国企业管理案例与理论构建研究论坛（2011）综述［J］．管理世界，2012（2）：105－111.

［58］张小军．企业绿色创新战略的驱动因素及绩效影响研究［D］．杭州：浙江大学博士学位论文，2012.

［59］赵晶，王明．利益相关者、非正式参与和公司治理——基于雷士照明的案例研究［J］．管理世界，2016（4）：138－149.

［60］郑思齐，万广华，孙伟增，等．公众诉求与城市环境治理［J］．管理世界，2013（6）：72－84.

［61］郑志刚，李东旭，许荣，等．国企高管的政治晋升与形象工程——基于N省A公司的案例研究［J］．管理世界，2012（10）：146－156.

［62］周雪光．西方社会学关于中国组织与制度变迁研究状况述评［J］．社会学研究，1999（4）：28－45.

［63］周员凡．企业的发展阶段与社会责任［J］．经济导刊，2010（11）：44－45.

［64］Aafek G. M. Raaijmakers，Patrick A. M. Vermeulen，Meeus M. T. H.，et al. I Need Time! Exploring Pathways to Compliance Under Institutional Complexity［J］．Academy of Management Journal，2015，58（1）：85－110.

［65］Aidis R. Institutional Barriers to Small and Medium－Sized Enterprise Operations in Transition Countries［J］．Small Business Economics，2005，25（1）：305－318.

［66］Aragón－Correa J. A.，S. Sharma. A Contingent Resource－Based View of Proactive Corporate Environmental Strategy [J]. Academy of Management Review, 2003, 28 (1): 71-88.

[67] Arimura T. H. An Empirical Study of the SO Allowance Market: Effects of PUC Regulations [J]. Journal of Environmental Economics & Management, 2002, 44 (2): 271-289.

[68] Banerjee S. B. Corporate Environmentalism: The Construct and Its Measurement [J]. Journal of Business Research, 2002, 55 (3): 177-191.

[69] Baum J. A. C., J. V. Singh. Evolutionary Dynamics of Organizations [M]. New York: Oxford Usa Trade, 1996.

[70] Baumol W. J., W. E. Oates. The Theory of Environmental Policy [M]. Cambridge: Cambridge University Press, 1988.

[71] Berrone P., A. Fosfuri, L. Gelabert, et al. Necessity as the Mother of Inventions: Institutional Pressures and Environmental Innovations [J]. Strategic Management Journal, 2013, 34 (8): 891-909.

[72] Berry M. A., D. A. Rondinelli. Proactive Corporate Environmental Management: A New Industrial Revolution [J]. The Academy of Management Executive, 1998, 12 (2): 38-50.

[73] Bey N., M. Z. Hauschild, T. C. Mcaloone. Drivers and Barriers for Implementation of Environmental Strategies in Manufacturing Companies [J]. CIRP Annals-Manufacturing Technology, 2013, 62 (1): 43-46.

[74] Brayden G. King. A Political Mediation Model of Corporate Response to Social Movement Activism [J]. Administrative Science Quarterly, 2008, 53 (3): 395-421.

[75] Bruce Clemens. Does Coercion Drive Firms to Adopt "Voluntary" Green Initiatives? Relationships Among Coercion, Superior Firm Resources, And Voluntary Green Initiatives [J]. Journal of Business Research, 2006, 59 (4): 483-491.

[76] Brunnermeier S. B., M. A. Cohen. Determinants of Environmental Innovation in US Manufacturing Industries [J]. Journal of Environmental Economics & Management, 2003, 45 (2): 278-293.

[77] Bulent Menguc, Seigyoung Auh, Lucie Ozanne. The Interactive Effect of Internal and External Factors on a Proactive Environmental Strategy and its Influence on a Firm's Performance [J]. Journal of Business Ethics, 2010, 94 (2): 279 - 298.

[78] Burgelman R. A. A Model of the Interaction of Strategic Behavior, Corporate Context, and the Concept of Strategy [J]. Academy of Management Review, 1983, 8 (1): 61 - 70.

[79] Burgelman R. A. A Process Model of Internal Corporate Venturing in the Diversified Major Firm [J]. Administrative Science Quarterly, 1983, 28 (2): 223 - 244.

[80] Buysse K., A. Verbeke. Proactive Environmental Strategies: A Stakeholder Management Perspective [J]. Strategic Management Journal, 2003, 24 (5): 453 - 470.

[81] Cesare Fracassi. External Networking and Internal Firm Governance [J]. Journal of Finance, 2012, 67 (1): 153 - 194.

[82] Chen V. Z., Li J., Shapiro, et al. Ownership Structure and Innovation: An Emerging Market Perspective [J]. Asia Pacific Journal of Management, 2012, 31 (1): 1 - 24.

[83] Christina L. A, Patricia Robinson. Safety in Numbers: Downsizing and the Deinstitutionalization of Permanent Employment in Japan [J]. Administrative Science Quarterly, 2001 (46): 622 - 654.

[84] Christine Oliver. Strategic Responses to Institutional Processes [J]. Academy of Management Review, 1991, 16 (1): 145 - 179.

[85] Clarkson P. M., Y. Li, G. D. Richardson, et al. Revisiting the Relation between Environmental Performance and Environmental Disclosure: An Empirical Analysis [J]. Accounting Organizations & Society, 2008, 33 (4 - 5): 303 - 327.

[86] Clemens B., L. Bakstran. A Framework of theoretical Lenses and Strategic Purposes to Describe Relationships Among Firm Environmental Strategy, Financial Performance, And Environmental Performance [J]. Management Research Review, 2016, 33 (4): 393 - 405.

[87] Clemens B., T. J. Douglas. Does Coercion Drive Firms to Adopt "Voluntary" Green Initiatives? Relationships Among Coercion, Superior Firm Resources, And Voluntary Green Initiatives [J]. Journal of Business Research, 2006, 59 (4): 483-491.

[88] Cohen, Jacob. A Coefficient of Agreement for Nominal Scales [J]. Educational & Psychological Measurement, 1960, 20 (1): 37-46.

[89] Cole M. A., R. J. R. Elliott, T. Okubo. Trade, Environmental Regulations and Industrial Mobility: An Industry-Level Study of Japan [J]. Ecological Economics, 2010, 69 (10): 1995-2002.

[90] Dalton, Melville. Men Who Manage [M]. New York: Wiley, 1959.

[91] Dechant K., B. Altman. Environmental Leadership: From Compliance to Competitive Advantage [J]. Academy of Management Executive, 1994, 8 (3): 7-27.

[92] Deephouse D. L. Does Isomorphism Legitimate? [J]. Academy of Management Journal, 1996, 39 (4): 1024-1039.

[93] Delgado-Ceballos J., Aragón-Correa J. A., et al. The Effect of Internal Barriers on the Connection Between Stakeholder Integration and Proactive Environmental Strategies [J]. Journal of Business Ethics, 2012, 107 (3): 281-293.

[94] Delmar F., P. Davidsson, W. B. Gartner. Arriving at the High-Growth Firm [J]. Journal of Business Venturing, 2003, 18 (2): 189-216.

[95] Dimaggio P. J., W. W. Powell. The Iron Cage Revisited: Institutional Isomorphism and Collective Rationality in Organizational Fields [J]. American Sociological Review, 1983, 48 (2): 147-160.

[96] Dodge H. R., S. Fullerton, et al. Stage of the Organizational Life Cycle and Competition as Mediators of Problem Perception for Small Businesses [J]. Strategic Management Journal, 2010, 15 (2): 121-134.

[97] Donald C. Hambrick. Upper Echelons: The Organization as a Reflection of Its Top Managers1 [J]. Academy of Management Review, 1984, 9 (2): 193-206.

[98] Dong X., Y. Yan, Z. Na. Evolution and Coevolution: Dynamic Knowledge Capability Building for Catching – up in Emerging Economies [J]. Management & Organization Review, 2016, 12 (4): 717 – 745.

[99] Downs, Anthony. Inside Bureaucracy [M]. Boston: Little, Brown, 1967.

[100] Erin M. Reid. Responding to Public and Private Politics: Corporate Disclosure of Climate Change Strategies [J]. Strategic Management Journal, 2009, 30 (11): 1157 – 1178.

[101] Floyd S. W. Lane P. J. Strategizing Throughout the Organization: Managing Role Conflict in Strategic Renewal [J]. Academy of Management Review, 2000, 25 (1): 154 – 177.

[102] Garud R., A. H. V. D. Ven. An Empirical Evaluation of the Internal Corporate Venturing Process [J]. Strategic Management Journal, 2010, 13 (S1): 93 – 109.

[103] Garud R., J. Gehman. Metatheoretical Perspectives on Sustainability Journeys: Evolutionary, Relational and Durational [J]. Research Policy, 2012, 41 (6): 980 – 995.

[104] Graebner M. E. Momentum and Serendipity: How Acquired Leaders Create Value in the Integration of Technology Firms [J]. Strategic Management Journal, 2010, 25 (8 – 9): 751 – 777.

[105] Greiner L. E. Evolution and Revolution as Organizations Grow [M]. UK: Macmillan Education, 1989.

[106] Greiner L. E. Evolution and Revolution as Organizations Grow [J]. Harvard Business Review, 1972 (50): 37 – 46.

[107] G. Vannoorenberghe. Firm – Level Volatility and Exports [J]. Journal of International Economics, 2012, 86 (1): 57 – 67.

[108] Haiying Lin. Cross – sector Alliances for Corporate Social Responsibility Partner Heterogeneity Moderates Environmental Strategy Outcomes [J]. Journal of Business Ethics, 2012, 110 (2): 219 – 229.

[109] Hambrick D. C. , Pettigrew A. Upper Echelons: Donald Hambrick on Executives and Strategy [J] . Academy of Management Executive, 2001, 15 (3): 36 -44.

[110] Hart S. L. A Natural - Resource - Based View of the Firm [J] . Academy of Management Review, 1995, 20 (4): 986 -1014.

[111] Hart S. L. , Ahuja G. Does It Pay to Be Green? An Emprical Examination of The Relationship Between Emission Reduction and Firm Performance [J] . Business Strategy and the Environment, 1996, 5 (1): 30 -37.

[112] Heugens P. P. M. A. R. , Lander, et al. Structure! Agency! (and Other Quarrels): A Meta - Analysis of Institutional Theories of Organization [J] . Academy of Management Journal, 2009, 52 (1): 61 -85.

[113] Hoffman A. J. Institutional Evolution and Change: Environmentalism and the U. S. Chemical Industry [J] . Academy of Management Journal, 1999, 42 (4): 351 -371.

[114] Homans, George C. The Human Group [M] . New York: Harcourt, Brace, 1950.

[115] Hrebiniak L. G. , W. F. Joyce. Organizational Adaptation: Strategic Choice and Environmental Determinism [J] . Administrative Science Quarterly, 1985, 30 (3): 336 -349.

[116] Ian Worthington. Exective Summary: Strategic Intent in the Management of the Green Environment Within SMEs: An Analysis of the UK Screen - Printing Sector [J] . Long Range Planning, 2005, 38 (2): 197 -212.

[117] Ichak Adizes. Organizational Passages - Diagnosing and Treating Lifecycle Problems of Organizations [J] . Organizational Dynamics, 1979, 8 (1): 3 -25.

[118] Irene Henriques. The Relationship between Environmental Commitment and Managerial Perceptions of Stakeholder Importance [J] . Academy of Management Journal, 1999, 42 (1): 87 -99.

[119] Jaffe A. B. , K. Palmer. Environmental Regulation and Innovation: A Panel Data Study [J] . Review of Economics & Statistics, 1997, 79 (4): 610 -

619.

[120] Jason Chen. Socioemotional Wealth and Corporate Responses to Institutional Pressures: Do Family – Controlled Firms Pollute Less? [J] . Administrative Science Quarterly, 2010, 55 (1): 82 – 113.

[121] John Hayes, Christopher W. Allinson. Cognitive Style and the Theory and Practice of Individual and Collective Learning in Organizations [J] . Human Relations, 1998, 51 (7): 847 – 871.

[122] John W. Meyer. Institutionalized Organizations: Formal Structure as Myth and Ceremony [J] . American Journal of Sociology, 1977, 83 (2): 340 – 363.

[123] Judge W. Q. , T. J. Douglas. Performance Implications of Incorporating Natural Environmental Issues into the Strategic Planning Process: An Empirical Assessment [J] . Journal of Management Studies, 1998, 35 (2): 241 – 262.

[124] Klassen R. D. , C. P. Mclaughlin. The Impact of Environmental Management on Firm Performance [J] . Management Science, 1996, 42 (8): 1199 – 1214.

[125] Laine P. M. , Vaara E. Struggling over Subjectivity: A Discursive Analysis of Strategic Development in an Engineering Group [J] . Human Relations, 2007, 60 (1): 29 – 58.

[126] Lawless M. W. , L. K. Finch. Choice and Determinism: A Test of Hrebiniak and Joyce's Framework on Strategy – Environment Fit [J] . Strategic Management Journal, 1989, 10 (4): 351 – 365.

[127] Lewis V. L. , N. Churchill. The Five Stages of Small Business Growth [J] . Harvard Business Review, 1983, 61 (3): 30 – 50.

[128] Lobo A. , J. Garcia – Campayo, R. Campos, et al. Perez – Echeverria. The Antecedents and Performance Consequences of Proactive Environmental Strategy: A Meta – Analytic Review of National Contingency [J] . Management & Organization Review, 2015, 11 (3): 521 – 557.

[129] Logsdon J. M. Organizational Responses to Environmental Issues: Oil Refining Companies and Air Pollution [D] . Berkeley: University of California, 1983.

[130] Lounsbury M., M. Ventresca, P. M. Hirsch. Social Movements, Field Frames and Industry Emergence: A Cultural - Political Perspective on U. S. Recycling [J]. Socio - Economic Review, 2003, 1 (1): 71 - 104.

[131] Mackay R. B., R. Chia. Choice, Chance, and Unintended Consequence in Strategic Change: A Process Understanding of the Rise and Fall of Northco Automotive [J]. Academy of Management Journal, 2013, 56 (1): 208 - 230.

[132] Majumdar S. K., A. A. Marcus. Rules Versus Discretion: The Productivity Consequences of Flexible Regulation [J]. Academy of Management Journal, 2001, 44 (1): 170 - 179.

[133] March J. G. Exploration and Exploitation in Organizational Learning [J]. Organization Science, 1991, 2 (1): 71 - 87.

[134] March J. G., Johan P. Olsen. Ambiguity and Choice in Organizations [M]. Bergen: Universitetsforlaget, 1976.

[135] Mauro F. Guillén. Structural Inertia, Imitation, and Foreign Expansion: South Korean Firms and Business Groups in China, 1987 - 1995 [J]. The Academy of Management Journal, 2002, 45 (3): 509 - 525.

[136] Mckelvey B. Quasi - natural Organization Science [J]. Organization Science, 1997, 8 (4): 352 - 380.

[137] Michael Jensen. Corporate Elites and Corporate Strategy: How Demographic Preferences and Structural Position Shape the Scope of the Firm [J]. Strategic Management Journal, 2004, 25 (6): 507 - 524.

[138] Michael Lounsbury. A Tale of Two Cities: Competing Logics and Practice Variation in The Professionalizing of Mutual Funds [J]. Academy of Management Journal, 2007, 50 (2): 289 - 307.

[139] Mike W. Peng. Institutional Transitions and Strategic Choices [J]. Academy of Management Review, 2003, 28 (2): 275 - 296.

[140] Mintzberg H. Crafting Strategy [J]. Harvard Business Review, 2001, 65 (3): 469.

[141] Mintzberg H., Alexandra. Mchugh. Strategy Formation in an Adhocracy

[J] . Administrative Science Quarterly, 1985, 30 (2): 160 - 197.

[142] Mintzberg H. , J. A. Waters. Of Strategies, Deliberate and Emergent [J] . Strategic Management Journal, 1985, 6 (3): 257 - 272.

[143] Murillo - Luna J. L. , C. Garcés - Ayerbe, P. Rivera - Torres. Why Do Patterns of Environmental Response Differ? A Stakeholders' Pressure Approach [J] . Strategic Management Journal, 2008, 29 (11): 1225 - 1240.

[144] Pamela R. Haunschild, Christine M. Beckman. When Do Interlocks Matter? Alternate Sources of Information and Interlock Influence [J] . Administrative Science Quarterly, 1998, 43 (4): 815 - 844.

[145] Pamela R. Haunschild. Interorganizational Imitation: The Impact of Interlocks on Corporate Acquisition Activity [J] . Administrative Science Quarterly, 1993, 38 (4): 564 - 592.

[146] Paul J. DiMaggio, Watter W. Powell. The Iron Cage Revisited: Institutional Isomorphism and Collective Rationality in Organizational Fields [J] . American Sociological Review, 1983, 48 (2): 147 - 160.

[147] Peer C. Fiss, Edward J. Zajac. The Diffusion of Ideas over Contested Terrain: The (Non) Adoption of a Shareholder Value Orientation among German Firms [J] . Administrative Science Quarterly, 2004 (49): 501 - 534.

[148] Peng M. W. , P. S. Heath. The Growth of the Firm in Planned Economies in Transition: Institutions, Organizations, and Strategic Choice [J] . Academy of Management Review, 1996, 21 (2): 492 - 528.

[149] Penrose E. T. The Theory of the Growth of the Firm [M] . Oxford: Oxford University Press, 1995.

[150] Pinzone M. , E. Lettieri, C. Masella. Proactive Environmental Strategies in Healthcare Organisations: Drivers and Barriers in Italy [J] . Journal of Business Ethics, 2014, 131 (1): 1 - 15.

[151] Porter M. E. America's Green Strategy [J] . Scientific American, 1991, 264 (4): 193 - 246.

[152] Porter M. E. Competitive Strategy [M] . New York: Free Press, 1980.

[153] Porter M. E., C. D. Linde. Toward a New Conception of the Environment – Competitiveness Relationship [J]. Journal of Economic Perspectives, 1995, 9 (4): 97 – 118.

[154] Prahalad C. K., G. Hamel. The Core Competence of the Organization [J]. Harvard Business Review, 1990, 68 (3): 79 – 91.

[155] Robert C. Lacy. Achieving True Sustainability of Zoo Populations [J]. Zoo Biology, 2013, 32 (1): 19 – 26.

[156] Robert E. Quinn. Organizational Life Cycles and Shifting Criteria of Effectiveness: Some Preliminary Evidence [J]. Management Science, 1983, 29 (1): 33 – 51.

[157] Rond M. D. Choice, Chance and Inevitability in Strategy [J]. Strategic Management Journal, 2007, 28 (5): 535 – 551.

[158] Royston G., Roy S., C. R. Hinings. Theorizing Change: The Role of Professional Associations in the Transformation of Institutionalized Fields [J]. Academy of Management Journal, 2002, 45 (1): 58 – 80.

[159] Rumina Dhalla. Industry Identity in an Oligopolistic Market and Firms' Responses to Institutional Pressures [J]. Organization Studies, 2013, 34 (12): 1803 – 1834.

[160] Sanjay Sharma. Managerial Interpretations and Organizational Context as Predictors of Corporate Choice of Environmental Strategy [J]. Academy of Management Journal, 2000, 43 (4): 681 – 697.

[161] Sanjay Sharma. Proactive Corporate Environmental Strategy and the Development of Competitively Valuable Organizational Capabilities [J]. Strategic Management Journal, 1998, 19 (8): 729 – 753.

[162] Schieve W. C., P. M. Allen. Self – Organization and Dissipative Structures [J]. Technical Physics Letters, 1990, 16 (4): 248 – 251.

[163] Scott W. R. Institutions and Organizations [M]. California: Sage Publications, 2001.

[164] Sharma S. Managerial Interpretations and Organizational Context as Predic-

tors of Corporate Choice of Environmental Strategy [J]. Academy of Management Journal, 2000, 43 (4): 681 -697.

[165] Sharma S., A. L. Pablo, H. Vredenburg. Corporate Environmental Responsiveness Strategies The Importance of Issue Interpretation and Organizational Context [J]. Journal of Applied Behavioral Science, 1999, 35 (1): 87 -108.

[166] Sharma S., H. Vredenburg. Proactive Corporate Environmental Strategy and the Development of Competitively Valuable Organizational Capabilities [J]. Strategic Management Journal, 1998, 19 (8): 729 -753.

[167] Sharma S., J. A. Aragón - Correa, A. Rueda - Manzanares. The Contingent Influence of Organizational Capabilities on Proactive Environmental Strategy in the Service Sector: An Analysis of North American and European Ski Resorts [J]. Canadian Journal of Administrative Sciences, 2010, 24 (4): 268 -283.

[168] Shrivastava P. Castrated Environment: Greening Organizational Science [J]. Organization Studies, 1994, 15 (5): 705 -726.

[169] Spence L. J., R. Jeurissen, R. Rutherfoord. Small Business and the Environment in the UK and the Netherlands: Toward Stakeholder Cooperation [J]. Business Ethics Quarterly, 2000, 10 (4): 945 -965.

[170] Stacey R. D. The Science of Complexity: An Alternative Perspective for Strategic Change Processes [J]. Strategic Management Journal, 1995, 16 (6): 477 -495.

[171] Stuart L. Hart. A Natural - Resource - Based View of the Firm [J]. Academy of Management Review, 1995, 20 (4): 986 -1014.

[172] Suhomlinova O. Toward a Model of Organizational Co - Evolution in Transition Economies [J]. Journal of Management Studies, 2006, 43 (7): 1537 - 1558.

[173] S. Dasgupta, D. Wheeler. Citizen Complaints as Environmental Indicators: Evidence from China [A] //Policy Research Working Paper [C]. Washington DC: The World Bank, 1997.

[174] Thietart R. A. Strategy Dynamics: Agency, Path Dependency, And Self -

Organized Emergence [J] . Strategic Management Journal, 2016, 37 (4): 774 -792.

[175] Tushman M. L. , L. Rosenkopf. Executive Succession, Strategic Reorientation and Performance Growth: A Longitudinal Study in the U. S. Cement Industry [J] . Management Science, 1996, 42 (7): 939 -953.

[176] Virany B. , Tushman M. L. , et al. Executive Succession and Organization Outcomes in Turbulent Environments: An Organizational Learning Approach [J] . Organization Science, 1992, 3 (1): 72 -91.

[177] Volberda H. W. , A. Y. Lewin. Guest Editors' Introduction: Co - evolutionary Dynamics within and between Firms: From Evolution to Co - evolution [J] . Journal of Management Studies, 2003, 40 (8): 2111 -2136.

[178] Walley N. B. Whitehead. It's Not Easy Being Green [J] . Harvard Business Review, 1994, 72 (3): 46 -51.

[179] Weber L. , Mayerk. Transaction Cost Economics and the Cognitive Perspective: Investigating the Sources and Governance of Interpretive Uncertainty [J] . Academy of Management Review, 2014, 39 (3): 344 -363.

[180] Weick, Karl E. Educational Organizations as Loosely Coupled Systems [J] . Administrative Science Quarterly, 1976, 21 (3): 1 -19.

[181] Whittington R. , Cailluet L. , Yakis - Douglas B. Opening Strategy: Evolution of a Precarious Profession [J] . British Journal of Management, 2011, 22 (3): 531 -544.

[182] Whittington R. , Yakis - Douglas B. , Ahn K. Cheap Talk? Strategy Presentations as a Form of Chief Executive Officer Impression Management [J] . Strategic Management Journal, 2016, 37 (12): 2413 -2424.

[183] Williamson D. , G. Lynchwood, J. Ramsay. Drivers of Environmental Behaviour in Manufacturing SMEs and the Implications for CSR [J] . Journal of Business Ethics, 2006, 67 (3): 317 -330.

[184] Winter S. C. , P. J. May. Motivation for Compliance with Environmental Regulations [J] . Journal of Policy Analysis & Management, 2010, 20 (4): 675 - 698.

[185] Witold J. Henisz and Andrew Delios. Uncertainty, Imitation, and Plant Location: Japanese Multinational Corporations, 1990 – 1996 [J]. Administrative Science Quarterly, 2001, 46 (3): 443 – 475.

[186] Xiaoya Liang, Xiongwen Lu, Lihua Wang. Outward Internationalization of Private Enterprises in China: The Effect of Competitive Advantages and Disadvantages Compared to Home Market Rivals [J]. Journal of World Business, 2012, 47 (1): 134 – 144.

后　记

2015年，我正式成为一名博士研究生，亦在此时，雾霾在中国肆无忌惮地蔓延，严重威胁我国经济、社会的健康发展。考虑到学者应该做有责任的研究，我将研究领域锁定为当下我国亟须解决的污染问题。通过阅读新闻资料、报纸杂志，发现重污染企业是雾霾出现的罪魁祸首。因此，研究方向确定为重污染企业的环境治理问题。围绕企业的环境治理存在众多研究问题，如企业碳排放、企业能源管理、企业环境规制、企业绿色（生态）创新等。我到底要研究什么？在阅读相关文献后，依然没有找到明确的科学问题。于是，我再次回到现实情境，看企业在环境治理过程中遇到了什么问题，该如何解决。一次偶然的会议，我了解到负责任的企业每年会发布社会责任报告，内容有关于企业的环境治理战略和手段。一口气阅读完几十家企业的社会责任报告，我发现每家企业对环境污染的实践行为存在差异，并且同一家企业的环境实践在不断变化和改善。为什么不同企业的环境实践存在差异？个别企业环境实践的不断改善是否是国家倡导的产业转型升级的缩影？带着现实问题，我再次阅读理论文献，发现环境战略的研究与现实问题契合度极高。因此，在现实问题和理论文献的不断碰撞中，科学问题逐渐清晰，也就形成了该著作。

当然，确定选题和写作期间离不开老师们的指导和帮助，在此衷心感谢我的博士生导师尹建华教授。本著作是在与导师一次次交流、满篇建议和修改的基础上完成的。尹老师对当前社会的热点问题具有敏锐的判断力，对已有的研究问题有独到的见解，并能根据研究问题提出合理化建议。在此，我谨向我的恩师尹建华教授致以最衷心的感谢与最崇高的敬意！与此同时，感谢对我的研究提出中肯建议的学者老师，他们是校外的李志军老师、李东红老师、吕萍老师、迟远英老师，以及校内的邢小强老师、王玉荣老师、杨震宁老师，还有三位博士论文的匿名评审老师。感谢众多老师的教诲与指导，那是一股楷模的力量与魅力，总是能令人精神振奋、勇往直前。

由于本书是对重污染企业环境战略研究的一种探索，书中难免有考虑不周或疏漏之处，敬请读者批评指正。未来，我将继续深入该领域进行研究，以期为我国的环境治理、企业的绿色转型升级提供科学合理的参考建议。

王森

2020 年 6 月于北京